水利工程施工技术与管理

耿　娟　严　斌　张志强　◎主　编
罗　方　郑俊垚　程吉新　◎副主编

U0335459

吉林科学技术出版社

图书在版编目（CIP）数据

水利工程施工技术与管理 / 耿娟，严斌，张志强主
编. -- 长春：吉林科学技术出版社，2022.8
　　ISBN 978-7-5578-9351-4

　　Ⅰ．①水… Ⅱ．①耿… ②严… ③张… Ⅲ．①水利工
程－工程施工②水利工程管理 Ⅳ．①TV5②TV6

中国版本图书馆CIP数据核字(2022)第113573号

水利工程施工技术与管理

主　　编　耿　娟 严　斌 张志强
出 版 人　宛　霞
责任编辑　程　程
封面设计　长春美印图文设计有限公司
制　　版　长春美印图文设计有限公司
开　　本　185mm×260mm 1/16
字　　数　200千字
印　　张　10
印　　数　1-1500册
版　　次　2022年8月第1版
印　　次　2023年3月第1次印刷

出　　版　吉林科学技术出版社
发　　行　吉林科学技术出版社
地　　址　长春市净月区福祉大路5788号
邮　　编　130118
发行部电话/传真　0431-81629529　81629530　81629531
　　　　　　　　　81629532　81629533　81629534
储运部电话　0431-86059116
编辑部电话　0431-81629518
印　　刷　三河市嵩川印刷有限公司

书　　号　ISBN 978-7-5578-9351-4
定　　价　68.00元

前　言

　　随着时代的发展，水利工程建设与人们的经济、文化生活息息相关，同时还影响着个人的安全问题及未来和谐社会的构建，因此对于水利工程建筑人们也给予了更多关注。在关注时代发展带来更多技术革新的同时，建筑企业也开始专注施工技术的管理工作，在保障建筑工程安全有序建设的基础上，提升水利工程建筑的质量和施工效率，从而保障水利工程建筑施工跟进行业技术革新，提升水利工程市场的整体发展。

　　水利工程施工是按照设计提出的工程结构、数量、质量、进度及造价等要求修建水利工程的工作。水利工程的运用、操作、维修和保护工作，是水利工程管理的重要组成部分，水利工程建成后，必须通过有效的管理，才能实现预期的效果和验证原来规划、设计的正确性；工程管理的基本任务是保持工程建筑物和设备的完整、安全，使其处于良好的技术状况；正确运用水利工程设备，以控制、调节、分配、使用水资源，充分发挥其防洪，灌溉、供水、排水、发电、航运、环境保护等效益。

　　本书立足于水利工程施工技术与管理的理论和实践应用两个方面，首先对水利工程施工的概念与技术进行简要概述，介绍了现代水利工程施工导流、水利工程堤防施工、水闸和渠系建筑物施工、混凝土工程施工等方面；然后对水利工程施工管理的相关问题进行梳理和分析，包括水利工程施工成本管理、施工进度管理、施工质量管理、项目管理模式四个方面；最后在水利工程安全施工技术及3S的应用等方面进行了论述。本书论述严谨，结构合理，条理清晰，内容丰富，其能为当前的水利工程施工技术与管理相关理论的深入研究提供借鉴。

　　本书由烟台工程职业技术学院耿娟、严斌，菏泽市水利勘测设计院张志强担任主编；由开封黄河河务局第一机动抢险队罗方、郑俊垚，东平湖管理局东平管理局程吉新担任副主编。全书由耿娟，严斌，张志强负责统稿工作。

　　撰写本书过程中，参考和借鉴了一些知名学者和专家的观点及论著，在此向他们表示深深的感谢。由于水平和时间所限，书中难免会出现不足之处，希望各位读者和专家能够提出宝贵意见，以待进一步修改，使之更加完善。

编　者

目　录

第一章　水利工程施工技术与管理概述

第一节　水利工程施工技术

我国水利工程建设正处于高峰阶段，是目前世界上水利工程施工规模最大的国家。近几年，我国水利工程施工的新技术、新工艺、新装备取得了举世瞩目的成就。在基础工程、堤防工程、导截流工程、地下工程、爆破工程等许多领域，我国都处于领先地位。在施工关键技术上取得了新的突破，通过大容量、高效率的配套施工机械装备更新改建，我国大型水利工程施工速度和规模有了很大提高。新型机械设备在堤坝施工中的应用，有效提高了施工效率。系统工程的应用，进一步提高了施工组织管理的水平。

一、土石方施工

土石方施工是水利工程施工的重要组成部分。我国自20世纪50年代开始逐步实施机械化施工，至80年代以后，土石方施工得到快速发展，在工程规模、机械化水平、施工技术等各方面取得了很大的成就，解决了一系列复杂地质、地形条件下的施工难题，如深厚覆盖层的坝基处理、筑坝材料、坝体填筑、混凝土面板防裂、沥青混凝土防渗等施工技术问题。其中，在工程爆破技术、土石方机械化施工等方面已处于国际先进水平。

（一）工程爆破技术

炸药与起爆器材的日益更新，施工机械化水平的不断提高，为爆破技术的发展创造了重要条件。多年来，爆破施工从手风钻为主发展到潜孔钻，并由低风压向中高风压发展，为加大钻孔直径和速度创造了条件；引进的液压钻机，进一步提高了钻孔效率和精度；多臂钻机及反井钻机的采用，使地下工程的钻孔爆破进入了新阶段。近年来，引进开发混装炸药车，实现了现场连续式自动化合成炸药生产工艺和装药机械化，进一步稳定了产品质量，改善了生产条件，提高了装药水平和爆破效果。此外，深孔梯段爆破、洞室爆破开采坝体堆石料技术也日臻完善，既满足了坝料的级配要求，又加快了坝料的开挖速度。

（二）土石方明挖

凿岩机具和爆破器材的不断创新，极大地促进了梯段爆破及控制爆破技术的进步，使原有的微差爆破、预裂爆破、光面爆破等技术更趋完善；施工机具的大型化、系统化、自动化使得施工工艺、施工方法取得了重大变革。

1.施工机械

我国土石方明挖施工机械化起步较晚，新中国成立初期兴建的一些大型水电站除黄河三门峡工程外，都经历了从半机械化逐步向机械化施工发展的过程。常用的机械设备有钻孔机械、挖装机械、运输机械和辅助机械等四大类，形成配套的开挖设备。

2.控制爆破技术

基岩保护层原为分层开挖，经多个工程试验研究和推广应用，发展到水平预裂（或光面）爆破法和孔底设柔性垫层的小梯段爆破法一次爆除，确保了开挖质量，加快了施工进度。特殊部位的控制爆破技术解决了在新浇混凝土结构、基岩灌浆区、锚喷支护区附近进行开挖爆破的难题。

3.高陡边坡开挖

近年来开工兴建的大型水电站开挖的高陡边坡较多。

4.土石方平衡

大型水利工程施工中，十分重视开挖料利用，力求挖填平衡。开挖料用作坝（堰）体填筑料、截流用料和加工制作混凝土砂石骨料等。

5.高边坡加固技术

水利工程高边坡常用的处理方法有抗滑结构、锚固以及减载、排水等综合措施。

（三）抗滑结构

1.抗滑桩

抗滑桩能有效而经济地治理滑坡，尤其是滑动面倾角较缓时，效果更好。

2.沉井

沉井在滑坡工程中既起抗滑桩的作用，同时具备挡土墙的作用。

3.挡墙

混凝土挡墙能有效地从局部改变滑坡体的受力平衡，阻止滑坡体变形的延展。

4.框架、喷护

混凝土框架对滑坡体表层坡体起保护作用并增强坡体的整体性，防止地表水渗入和坡体风化。框架护坡具有结构物轻、用料省、施工方便、适用面广、便于排水等优点，并可与其他措施结合使用。另外，耕植草本植被也是治理永久边坡的常用措施。

（四）锚固技术

预应力锚索具有不破坏岩体结构、施工灵活、速度快、干扰小、受力可靠、主动承载等优点，在边坡治理中应用广泛。大吨位岩体预应力锚固吨位已提高到 6 167kN，张拉设备出力提高到6000kN，锚索长度达61.6m，可加固坝体、坝基、岩体边坡、地下洞室围岩等，达到了国际先进水平。

二、混凝土施工

（一）混凝土施工技术

目前，混凝土坝采用的主要技术状况如下：（1）混凝土骨料人工生产系统进入国际水平。采用人工骨料生产工艺流程，可以调整骨料粒径和级配。生产系统配制了先进的破碎轧制设备。（2）为满足大坝高强度浇筑混凝土的需要，从拌和、运输和仓面作业等系统配置大容量、高效率的机械设备。使用大型塔机、缆式起重机、胎带机和塔带机，这些施工机械代表了我国混凝土运输的先进水平。（3）大型工程混凝土温度控制，主要采用风冷骨料技术，效果好，实用。（4）减少混凝土裂缝，广泛采用补偿收缩混凝土。应用低热膨胀混凝土筑坝技术，可节省投资，简化温控，缩短工期。一些高拱坝的坝体混凝土，采用外掺氧化镁进行温度变形补偿。（5）中型工程广泛采用组合钢模板，而大型工程普遍采用大型钢模板的悬臂钢模板。模板尺寸有 2m×3m、3m×2.5m、3m×3m 多种规格。滑动模板在大坝溢流面、隧洞、竖井、混凝土井中应用广泛。牵引动力有的为液压千斤顶提升，有的为液压提升平台上升，有的是有轨拉模，有的已发展为无轨拉模。

（二）泵送混凝土技术

泵送混凝土是指混凝土从混凝土搅拌运输车或储料斗中卸入混凝土泵的料斗，利用泵的压力将混凝土沿管道水平或垂直输送到浇筑地点的工艺。它具有输送能力大、速度快、效率高、节省人力、能连续作业等特点。目前应用日趋广泛，在我国，目前的高层建筑及水利工程领域中，已较广泛地采用了此技术，并取得了较好的效果。泵送混凝土对设备、原材料、操作都有较高的要求。

1.对设备的要求

（1）混凝土泵

有活塞泵、气压泵、挤压泵等几种不同的构造和输送方式，目前应用较多的是活塞泵，这是一种较先进的混凝土泵。施工时现场规划要合理布置泵车的安放位置，一般应尽量靠近浇筑地点，并满足两台泵车同时就位，以使混凝土泵连续浇筑。泵的输送能力为 80m³/h。

（2）输送管道

一般由钢管制成，有直径 125mm、150mm 或 100mm 型号，具体型号取决于粗骨料的最大粒径。管道敷设时要求路线短、弯道少、接头密。管道清洗一般选择水洗。要求水压力不能超过规定，而且人员应远离管道，并设置防护装置以免伤人。

2.对原材料的要求

要求混凝土有可泵性，即在泵压作用下，混凝土能在输送管道中连续稳定地通过而不产生离析的性能，它取决于拌和物本身的和易性。在实际应用中，和易性往往根据坍落度来判断，坍落度越小，和易性也越小。但坍落度太大又会影响混凝土的强度，因此一般认为 8~20cm 较合适，具体值要根据泵送距离、气温来决定。

（1）水泥

要求选择保水性好、泌水性小的水泥，一般选硅酸盐水泥及普通硅酸盐水泥。但由于硅酸盐水泥水化热较大，不宜用于大体积混凝土工程，施工中一般掺入粉煤灰。掺入粉煤灰不仅对降低大体积混凝土的水化热有利，还能改善混凝土的黏塑性和保水性，对泵送也是有利的。

（2）骨料

骨料的种类、形状、粒径和级配对泵送混凝土的性能有很大影响，必须予以严格控制。

粗骨料的最大粒径与输送管内径之比宜为1:3（碎石）或1:2.5（卵石）。另外，要求骨料颗粒级配尽量理想。

细骨料的细度模数为2.3～3.2。粒径在0.315mm以下的细骨料所占的比例不应小于15%，最好达到20%。这对改善可泵性非常重要。

掺合料——粉煤灰，实践证明，掺入粉煤灰可显著提高混凝土的流动性。

3.对操作的要求

泵送混凝土时应注意以下规定：（1）原材料与试验一致。（2）材料供应要连续、稳定，以保证混凝土泵能连续运作，计量自动化。（3）检查输送管接头的橡皮密封圈，保证密封完好。（4）泵送前，应先用适量的与混凝土成分相同的水泥浆或水泥砂浆润滑输送管内壁。（5）试验人员随时检测出料的坍落度，及时调整，运输时间控制在初凝（45min）内。预计泵送间歇时间超过45min或混凝土出现离析现象时，对该部分混凝土做废料处理，立即用压力水或其他方法冲洗管内残留混凝土。（6）泵送时，泵体料斗内应经常有足够混凝土，防止吸入空气形成阻塞。

三、新技术、新材料、新工艺、新设备的使用

（一）聚脲弹性体技术

喷涂聚脲弹性体技术是近年来为适应环保需求而研制开发的一种新型无溶剂、无污染的绿色施工技术。它具有以下优点：（1）无毒性，满足环保要求。（2）力学性能好，拉伸强度最高可达27.0mPa，撕裂强度为43.9～105.4kN/m。（3）抗冲耐磨性能强，其抗冲磨能力是C40混凝土的10倍以上。（4）防渗性能好，在2.0mPa水压作用下，24h不渗漏。（5）低温柔性好，在-30℃下对折不产生裂纹。（6）耐腐蚀性强，在水、酸、碱、油等介质中长期浸泡，性能不降低。（7）具有较强的附着力，与混凝土、砂浆、沥青、塑料、铝及木材等都有很好的附着力。（8）固化速度快，5s凝胶，1min即可达到可步行的强度。可在任意曲面、斜面及垂直面上喷涂成型，涂层表面平整、光滑，对基材形成良好的保护和装饰作用。

（二）大型水利施工机械

针对南水北调重点工程建设研制开发多种形式的低扬程大流量水泵、盾构机及其配套系统、大断面渠道衬砌机械、斗轮式挖掘机（用于渠道开挖）、全断面隧道岩石掘进机（TBM）。研制开发人工制砂设备、成品砂石脱水干燥设备、特大型预冷式混凝土搅拌楼、双卧轴液压驱动强制式搅拌楼、混凝土快速布料塔带机和胎带机、大骨料混凝土输送泵成套设备等。

第二节　水利工程施工设计

施工组织设计是水利水电工程设计文件的重要组成部分，是优化工程设计、编制工程总概算、编制投标文件、编制施工成本文件及国家控制工程投资的重要依据，是组织工程建设和优选施工队伍、进行施工管理的指导性文件。

一、按阶段编制设计文件

不同设计阶段，施工组织设计的基本内容和深度要求不同。

（一）可行性研究报告阶段

执行《水利水电工程可行性研究报告编制规程》（SL 618-2013）第9章"施工组织设计"的有关规定，其深度应满足编制工程投资估算的要求。

（二）初步设计阶段

执行《水利水电工程初步设计报告编制规程》（SL 619-2013）第9章"施工组织设计"的有关规定，并执行《水利水电工程施工组织设计规范》（SL 303-2004），其深度应满足编制总概算的要求。

（三）技施设计阶段

技施设计阶段主要是进行招投标阶段的施工组织设计（即施工规划、招标阶段后的施工组织设计由施工承包单位负责完成），执行或参照执行《水利水电工程施工组织设计规范》（SL 303-2004），其深度应满足招标文件、合同价标底编制的需要。

二、施工组织设计的作用、任务和内容

（一）施工组织设计的作用

施工组织设计是水利水电工程设计文件的重要组成部分，是确定枢纽布置、优化工程设计、编制工程总概算及国家控制工程投资的重要依据，是组织工程建设和施工管理的指导性文件。做好施工组织设计，对正确选定坝址、坝型、枢纽布置及对工程设计优化，以及合理组织工程施工、保证工程质量、缩短建设工期、降低工程造价、提高工程效益等都有十分重要的作用。

（二）施工组织设计的任务

施工组织设计的主要任务是根据工程地区的自然、经济和社会条件，制定合理的施工组织设计方案，包括合理的施工导流方案，合理的施工工期和进度计划，合理的施工场地组织设施与施工规模，以及合理的生产工艺与结构物形式，合理的投资计划、劳动组织和技术供应计划，为确定工程概算、确定工期、合理组织施工、进行科学管理、保证工程质量、降低工程造价、缩短建设周期、提供切实可行和可靠的依据。

（三） 施工组织设计的内容

1.施工条件分析

施工条件包括工程条件、自然条件、物质资源供应条件以及社会经济条件等，具体有：工程所在地点，对外交通运输情况，枢纽建筑物及其特征；地形、地质、水文、气象条件；主要建筑材料来源和供应条件，当地水源、电源情况；施工期间通航、过木、过鱼、供水、环保等要求，国家对工期、分期投产的要求，施工用电、居民安置，以及与工程施工有关的协作条件等。

总之，施工条件分析需在简要阐明上述条件的基础上，着重分析它们对工程施工可能带来的影响和后果。

2.施工导流设计

施工导流设计应在综合分析导流的基础上，确定导流标准，划分导流时段，明确施工分期，选择导流方案、导流方式和导流建筑物，进行导流建筑物的设计，提出导流建筑物的施工安排，拟定截流、拦洪、排水、通航、过水、下闸封孔、供水、蓄水、发电等措施。

3.主体工程施工

主体工程包括挡水、泄水、引水、发电、通航等主要建筑物，应根据各自的施工条件，对施工程序、施工方法、施工强度、施工布置、施工进度和施工机械等问题，进行比较和选择。必要时，对其中的关键技术问题，如特殊基础的处理、大体积混凝土温度控制、土石坝合龙、拦洪等问题，做出专门的设计和论证。

对于有机电设备和金属结构安装任务的工程项目，应对主要机电设备和金属结构，如水轮发电机组、升压输变设备、闸门、启闭设备等的加工、制作、运输、预拼装、吊装以及土建工程与安装工程的施工顺序等问题，做出相应的设计和论证。

4.施工交通运输

施工交通运输分对外交通运输和场内交通运输。

其中，对外交通运输是在弄清现有对外水陆交通和发展规划的情况下，根据工程对外运输总量、运输强度和重大部件的运输要求，确定对外交通运输方式，选择线路和线路的标准，规划沿线重大设施和与国家干线的连接，提出相应的工程量。施工期间，若有船、木过坝问题，应做出专门的分析论证，提出解决方案。

5.施工工厂设施和大型临建工程

施工工厂设施如混凝土骨料开采加工系统、土石料场和土石料加工系统、混凝土拌和系统和制冷系统、机械修配系统、汽车修配厂、钢筋加工厂、预制构件厂、照明系统以及风、水、电、通信等，均应根据施工的任务和要求，分别确定各自位置、规模、设备容量、生产工艺、工艺设备、平面布置、占地面积、建筑面积和土建安装工程量，并提出土建安装进度和分期投产的计划。

大型临建工程，如施工栈桥、过河桥梁、缆机平台等，要做出专门设计，确定其工程量和施工进度安排。

6.施工总布置

施工总布置的主要任务是根据施工场区的地形地貌、枢纽主要建筑物的施工方案、各项临建设施的布置方案，对施工场地进行分期分区和分标规划，确定分期分区布置方案和各承包单位的场地范围。对土石方的开挖、堆弃和填筑进行综合平衡，提出各类房屋分区布置一览表，估计施工征地面积，提出占地计划，研究施工还地造田的可能性。

7.施工总进度

施工总进度的安排必须符合国家对工程投产所提出的要求。为了合理安排施工进度计划，必须仔细分析工程规模、导流程序、对外交通、资源供应、临建准备等各项控制因素，拟订整个工程（包括准备工程、主体工程和结束工作在内）的施工总进度计划，确定各项目的起讫日期和相互之间的衔接关系；对导流截流、拦洪度汛、封孔蓄水、供水发电等控制环节工程应达到的程度，须做出专门的论证；对土石方、混凝土等主要工程的施工强度，以及劳动力、主要建筑材料、主要机械设备的需用量，要进行综合平衡；要分析施工工期和工程费用的关系，提出合理工期的推荐意见。

8.主要技术供应计划

根据施工总进度的安排和定额资料的分析，对主要建筑材料（如钢材、木材、水泥、粉煤灰、油料、炸药等）和主要施工机械设备，列出总需要量和分年需要量计划。

此外，在施工组织设计中，必要时还需要进行试验研究和补充勘测的建议，为进一步深入设计和研究提供依据。

在完成上述设计内容时，还应提出以下图件：（1）施工场外交通图。（2）施工总布置图。（3）施工转运站规划布置图。（4）施工征地规划范围图。（5）施工导流方案综合比较图。（6）施工导流分期布置图。（7）导流建筑物结构布置图。（8）导流建筑物施工方法示意图。（9）施工期通航过木布置图。（10）主要建筑物土石方开挖施工程序及基础处理示意图。（11）主要建筑物混凝土施工程序、施工方法及施工布置示意图。（12）主要建筑物土石方填筑程序、施工方法及施工布置示意图。（13）地下工程开挖、衬砌施工程序和施工方法及施工布置示意图。（14）机电设备、金属结构安装施工示意图。（15）砂石料系统生产工艺布置图。（16）混凝土拌和系统及制冷系统布置图。（17）当地建筑材料开采、加工及运输线路布置图。（18）施工总进度表及施工关键线路图。

三、施工组织设计的编制资料及编制原则、依据

（一）编制施工组织设计所需要的主要资料

1.可行性研究报告施工部分需收集的基本资料

可行性研究报告施工部分需收集的基本资料包括：（1）可行性研究报告阶段的水工及机电设计成果。（2）工程建设地点的对外交通现状及近期发展规划。（3）工程建设地点及附近可能提供的施工场地情况。（4）工程建设地点的水文气象资料。（5）施工期（包括初期蓄水期）通航、过木、下游用水等要求。（6）建筑材料的来源和供应条件调查资料。（7）施工区水源、电源情况及供应条件。（8）地方及各部门对工程建设期的要求及意见。

2.初步设计阶段施工组织设计需补充收集的基本资料

初步设计阶段施工组织设计需补充收集的基本资料包括：（1）可行性研究报告及可行性研究阶段收集的基本资料。（2）初步设计阶段的水工及机电设计成果。（3）进一步调查落实可行性研究阶段收集的（2）～（7）项资料。（4）当地可能提供修理、加工能力情况。（5）当地承包市场情况，当地可能提供的劳动力情况。（6）当地可能提供的生活必需品的供应情况，居民的生活习惯。（7）工程所在河段水文资料、洪水特性、各种频率的流量及洪量、水位与流量关系、冬季冰凌情况（北方河流）、施工区各支沟各种频率洪水、泥石流，以及上下游水利工程对本工程的影响情况。（8）工程地点的地形、地貌、水文地质条件，以及气温、水温、地温、降水、风、冻层、冰情和雾的特性资料。

3.技施阶段施工规划需进一步收集的基本资料

技施阶段施工规划需进一步收集的基本资料包括：（1）初步设计中的施工组织总设计文件及初步设计阶段收集到的基本资料。（2）技施阶段的水工及机电设计资料与成果。（3）进一步收集国内基础资料和市场资料，主要内容有：①工程开发地区的自然条件、社会经济条件、卫生医疗条件、生活与生产供应条件、动力供应条件、通信及内外交通条件等；②国内市场可能提供的物资供应条件及技术规格、技术标准；③国内市场可能提供的生产、生活服务条件；④劳务供应条件、劳务技术标准与供应渠道；⑤工程开发项目所涉及的有关法律、规定；⑥上级主管部门或业主单位对开发项目的有关指示；⑦项目资金来源、组成及分配情况；⑧项目贷款银行（或机构）对贷款项目的有关指导性文件；⑨技术设计中有关地质、测量、建材、水文、气象、科研、试验等资料与成果；⑩有关设备订货资料与信息；⑪国内承包市场有关技术、经济动态与信息。（4）补充收集国外基础资料与市场信息（国际招标工程需要），主要内容有：①国际承包市场同类型工程技术水平与主要承包商的基本情况；②国际承包市场同类型工程的商业动态与经济动态；③工程开发项目所涉及的物资、设备供货厂商的基本情况；④海外运输条件与保险业务情况；⑤工程开发项目所涉及的有关国家政策、法律、规定；⑥由国外机构进行的有关设计、科研、试验、订货等资料与成果。

（二）施工组织设计编制原则

施工组织设计编制应遵循以下原则：（1）执行国家有关方针、政策，严格执行国家基建程序和遵守有关技术标准、规程规范，并符合国内招标投标的规定和国际招标投标的惯例。（2）面向社会，深入调查，收集市场信息。根据工程特点，因地制宜地提出施工方案，并进行全面的技术经济比较。（3）结合国情积极开发和推广新技术、新材料、新工艺和新设备。凡经实践证明技术经济效益显著的科研成果，应尽量采用，努力提高技术水平和经济效益。（4）统筹安排，综合平衡，妥善协调各分部分项工程，均衡施工。

（三）施工组织设计编制依据

施工组织设计编制依据有以下几方面：（1）本阶段施工组织设计成果及上级单位或业主的审批意见。（2）本阶段水工、机电等专业的设计成果，有关工艺试验或生产性试验成果及各专业对施工的要求。（3）工程所在地区的施工条件（包括自然条件、水电供应、交通、环保、旅游、防洪、灌溉、航运及规划等）和本阶段最新调查成果。（4）目前国内外可能达到的施工水平、施工设备及材料供应情况。（5）上级机关、国民经济各有关部门、地方政府以及业主单位对工程施工的要求、指令、协议、有关法律和规定。

第三节　水利工程施工管理

一、水利工程施工管理的概念及要素

（一）水利工程项目施工管理的定义

水利工程项目施工管理与其他行业工程项目施工管理一样，是随着社会的发展进步和项目的日益复杂化，经过水利系统几代人的努力，在总结前人历史经验，吸纳其他行业成功模式和研究世界先进管理水平的基础上，结合本行业特点逐渐形成的一门公益性基础设施项目管理学科。水利工程项目施工管理的理念在当今社会人们的生产实践和日常工作中起到了极其重要的作用。对每一个工程，上级主管部门、建设单位、设计单位、科研单位、招标代理机构、监理单位、施工单位、工程管理单位、当地政府及有关部门甚至老百姓等与工程有关甚至无关的单位和个人，无不关心工程项目的施工管理，因此，学习和掌握水利工程项目施工管理对从事水利行业的人员都有一定的积极作用，尤其对具有水利工程施工资质的企业和管理人员来说，学会并总结水利工程项目施工管理将提高工程项目实施效益和企业声誉，从而扩展企业市场，发展企业规模，壮大企业实力，振兴水利事业，更是作为一名水利建造师应该了解和熟悉的一门综合管理学科。

施工管理水平的提高对于中标企业尤其是项目部来说，是缩短建设工期、降低施工成本、确保工程质量、保证施工安全、增强企业信誉、开拓经营市场的关键，历来被各专业施工企业所重视。施工管理涉及工艺操作、技术掌控、工种配合、经济运作和关系协调等综合活动，是管理战略和实施战术的良好结合及运用，因此，整个管理活动的主要程序及内容是：（1）从制定各种计划（或控制目标）开始，通过制定的计划（或控制目标）进行协调和优化，从而确定管理目标；（2）按照确定的计划（或控制目标）进行以组织、指挥、协调和控制为中心的连贯实施活动；（3）依据实施过程中反馈和收集的相关信息及时调整原来的计划（或控制目标）形成新的计划（或控制目标）；（4）按照新的计划（或控制目标）继续进行组织、指挥、协调、控制和调整等核心的具体实施活动，周而复始直至达到或实现既定的管理目标。

水利工程项目施工管理就字面意思解释就是施工企业对其中标的工程项目派出专人，负责在施工过程中对各种资源进行计划、组织、协调和控制，最终实现管理目标的综合活动。这是最基本和最简单的概念理解，它包含三层意思：

一是水利工程项目施工管理是工程项目管理范畴，更是在管理的大范围内，领域是宽广的，内容是丰富的，知识和经验是综合的。

二是水利工程项目施工管理的对象就是水利水电工程项目施工全过程，对施工企业来说就是企业以往、在建和今后待建的各个工程项目的施工管理，对项目部而言，就是项目部本身正在实施的项目建设过程的管理。

三是水利工程项目施工管理是一个组织系统和实施过程，着重点是计划、组织和控制。

由此可见，水利工程项目施工管理随着工程项目设计的日益发展和对项目施工管理的总结完善，已经从原始的意识决定行为上升到科学的组织管理以及总结提炼这种组织管理而形成的行业管理学科，也就是说它既是一种有意识地按照水利工程项目施工的特点和规律对工程项目实施组织和管理的活动，又是以水利工程项目施工组织管理活动为研究对象的一门新兴科学，专门研究和探求对水利工程项目施工活动怎样进行科学组织管理的理论和方法，从对客观实践活动进行理论总结到以理论总结指导客观实践活动，二者互相促进，相互统一，共同发展。

基于以上观点，我们给水利工程项目施工管理定义：

水利工程项目施工管理是以水利工程建设项目施工为管理对象，通过一个临时固定的专业柔性组织，对施工过程进行有针对性和高效率的规划、设计、组织、指挥、协调、控制、落实和总结的动态管理，最终达到管理目标的综合协调与优化的系统管理方法。

所谓实现水利工程施工项目全过程的动态管理是指在施工项目的规定施工期内，按照一定总体计划和目标，不断进行资源的配置和协调，不断做出科学决策，从而使项目施工的全过程处于最佳的控制和运行状态，最终产生最佳的效果；所谓施工项目目标的综合协调与优化是指施工项目管理应综合协调好技术、质量、工期、安全、资源、资金、成本、文明环保、内外协调等约束性目标，在相对最短的时期内成功地达到合同约定的成果性目标并争取获得最佳的社会影响。水利工程施工项目管理的日常活动通常是围绕施工规划、施工设计、施工组织、施工质量、安全管理、资源调配、成本控制、工期控制、文明施工和环境保护等九项基本任务来展开的。

水利工程项目施工管理贯穿于项目施工的整个实施过程，它是一种运用既有规律又无定式且经济的方法，通过对施工项目进行高效率的规划、设计、组织、指导、控制、落实等手段，在时间、费用、技术、质量、安全等综合效果上达到预期目标。

水利工程项目施工的特点也表明它所需要的管理及其管理办法与一般作业管理不同，一般的作业管理只需对效率和质量进行考核，并注重将当前的执行情况与前期进行比较。在典型的项目环境中，尽管一般的管理办法也适用，但管理结构须以任务（活动）定义为基础来建立，以便进行时间、费用和人力的预算控制，并对技术、风险进行管理。在水利工程项目施工管理过程中，项目施工管理者并不亲自对资源的调配负责，而是制订计划后通过有关职能部门调配并安排和使用资源，调拨什么样的资源、什么时间调拨、调拨数量多少等，取决于施工技术方案、施工质量和施工进度等要求。

水利工程项目施工管理根据工程类型、使用功能、地理位置和技术难度等不同其组织管理的程序和内容有较大的差异，一般来说，建筑物工程在技术上比单纯的土石方工程复杂，工程项目和工程内容比较繁杂，涉及的各种材料、机电设备、工艺程序、参建人员、职能部门、各种资源、管理内容等较多，不确定性因素占的比例较重，尤其是一些大型水电站、水闸、船闸和泵站等枢纽工程，其组织管理的复杂程度和技术难度远远高于土石方工程；同时，同一类型的工程因大小、地理位置和设计功能等之别，在组织管理上虽有类同但是因质量标准、施工季节、作业难度、地理环境等不同也存在很大的差别，因此，针对不同的施工项目制定不同的组织管理模式和施工管理方法是组织和管理好该项目的关键，不能生搬硬套一条路走到黑。目前水利工程项目施工管理已经在几乎所有的水利工程建设领域中被广泛应用。

水利工程项目施工管理是以项目经理负责制为基础的目标管理。一般来讲，水利工程施工管理是按任务（垂直结构）而不是按职能（平行结构）组织起来的。施工管理的主要任务一般包括项目规划、项目设计、项目组织、质量管理、资源调配、安全管理、成本控制、进度控制和文明环保措施等九大项。常规的水利工程施工管理活动通常是围绕这九项基本任务来展开的，这也是项目经理的主要工作线和面。

施工管理自诞生以来发展迅速，目前已发展为三维管理体系：

1. 时间维

把整个项目的施工总周期划分为若干个阶段计划和单元计划，进行单元和阶段计划控制，各个单元计划实现了就能保证阶段计划实现，各个阶段计划完成了就能确保整个计划的落实，即我们常说的"以单元工期保阶段工期，以阶段工期保整体工期"；

2. 技术维

针对项目施工周期的各不同阶段和单元计划，制定和　用不同的施工方法和组织管理方法并突出重点；

3. 保障维

对项目施工的人、财、物、技术、制度、信息、协调等的后勤保障管理。

（二）水利工程项目施工管理的要素

要理解水利工程项目施工管理的定义就必须理解项目施工管理所涉及的有关直接和间接要素，资源是项目施工得以实施的最根本保证，需求和目标是项目施工实施结果的基本要求，施工组织是项目施工实施运作的核心实体，环境和协调是项目施工取得成功的可靠依据。

1. 资源

资源的概念和内容十分广泛，可以简单地理解为一切具有现实和潜在价值的东西都是资源，包括自然资源和人造资源、内部资源和外部资源、有形资源和无形资源。诸如人力和人才、材料、资金、信息、科学技术、市场、无形资产、专利、商标、信誉以及社会关系等。在当今社会科学技术飞速发展的时期，知识经济的时代正向我们走来，知识作为无形资源的价值表现得更加突出。资源轻型化、软化的现象值得我们重视。在工程施工管理中，我们要及早摆脱仅管好、用好硬资源的历史，尽早学会和掌握学好、用好软资源，这样才能跟上时代的步伐，才能真正组织和管理好各种工程项目的施工过程。

水利工程项目施工管理本身作为管理方法和手段，随着社会的进步和高科技在工程领域的应用和发展，已经成为一种广泛的社会资源，它给社会和企业带来的直接和间接效益不是用简单的数字就可以表达出来的。

由于工程项目固有的一次性特点，工程施工项目资源不同于其他组织机构的资源，它具有明显的临时拥有和使用特性；资金要在工程项目开工后从发包方预付和计量，特殊情况下中标企业还要临时垫支；人力（人才）需要根据承接的工程情况挑选和组织甚至招聘；施工技术和工艺方法没有完全的成套模式，只能参照以往的经验和相关项目的实施方法，经总结和分析后，结合自身情况和要求制定；施工设备和材料必须根据该工程具体施工方法和设计临时调拨和采购，周转材料和部分常规设备还可以在工程所在地临时租赁；社会关系在当今是比较复杂的，一个工程一个人群环境，需要有尽量适应新环境和新人群的意识，不能我行我素，固执己见，要具备适应新的环境和人群的能力和素质；执行的标准和规程一个项目一套制度，即使同一个企业安排同样数量的管理人员也是数同人不同，即使人同项目内容和位置等也不同。因此，水利工程项目施工过程中资源需求变化很大，有些资源用尽前或不用后要及时偿还或遣散，如永久材料和人力资源及周转性材料和施工设备等，在施工过程中根据进度要求随时有增减，各单元及阶段计划变化较大。任何资源积压、滞留或短缺都会给项目施工带来损失，因此，合理、高效地使用和调配资源对工程项目施工管理尤为重要，学会和掌握了对各种施工资源的有序组织、合理使用和科学调配，就掌握了水利工程项目施工管理的精华，就可以立于项目管理的不败之地。

2.需求和目标

水利工程项目施工其利益相关者的需求和目标是不同和复杂的。通常把需求分为两类：一类是必须满足的基本需求，另一类是附加获取的期望要求。

就工程项目部而言，其基本需求包括工程项目实施的范围内容、质量要求、利润或成本目标、时间目标、安全目标、文明施工和环境保护目标以及必须满足的法规要求和合同约定等。在一定范围内，施工质量、成本控制、工期进度、安全生产、文明施工和环境保护等五者是相互制约的。一般而言，当工期进度要求不变时，施工质量要求越高，则施工成本就越高；当施工成本不变时，施工质量要求越高，则工期进度相对越慢；当施工质量标准不变时，施工进度过快或过慢都会导致施工成本增加；在施工进度相对紧张的时期，往往会放松了安全管理，造成各种事故的发生反而延缓了施工时间；文明施工和环境保护要达标必然直接增加工程成本，往往被一些计较效益的管理者忽视，有的干脆应付或放弃。殊不知，做好文明施工和环境保护工作恰恰给安全生产、施工环境、工程质量和工期目标等综合方面创造了有利条件，这个目标的实现可能会给项目或企业产生意想不到的间接效益和社会影响。施工管理的目的是谋求快、好、省、安全、文明和赞誉等的有机统一，好中求快，快中求省，好、快、省中求安全和文明并最终获得最佳赞誉，是每一个工程项目管理者所追求的最高目标。

如果把项目实施的范围和规模一起考虑在内的话，可以将控制成本替代追求利润作为项目管理实现的最终目标（施工项目利润=施工项目收益-施工实际成本）。工程项目施工管理要寻求使施工成本最小从而达到利润最大的工程项目实施策略和规划。因而，科学合理地确定该工程相应的费用成本是实现最好效益的基础和前提。

期望要求是企业常常通过该项目的实施树立形象、站稳市场、开辟市场、争取支持、减少阻力、扩大影响并获取最大的间接利益。比如，一个施工企业以前从未打入某一地区或一个分期实施的系列工程刚开始实施，有机会通过第一个中标项目进入了当地市场或及早进入了该系列工程，明智的企业决策者对该项目一定很重视，除了在项目部人员和设备配置上花费超出老市场或单期工程的代价之外，还会要求项目部在确保工程施工硬件的基础上，完善软件效果。"硬件创造品牌，软件树立形象，硬软结合产生综合效益"，这是任何正规企业的管理者都应该明白的道理，因此，一个新市场的新项目或一个系列工程的第一次中标对急于开辟该市场或稳定市场的企业来说无异于雪中送炭，重视的绝不仅仅是该工程建设的质量和眼前的效益，而是通过组织管理达到施工质量优良、施工工期提前、安全生产保障、施工成本最小、文明施工和环境保护措施有效、关系协调有力、业主评价良好、合作伙伴宣传、设计和监理放心、运行单位满意、主管部门高兴、地方政府支持、社会影响良好等综合效果。在此强调新市场项目或分期工程，并不是说对一些单期工程或老市场的项目企业就可以不重视，同样应当根据具体情况制定适合工程项目管理的考核目标和计划，只是期望要求有所侧重而已。任何时候企业的愿望都是好的，如果项目部尤其是项目经理能真正不辜负企业的期望将项目组织和管理好，就完全可以达到企业预期的愿望。

对于在工程项目施工过程中项目部所面对的其他利益相关者，如发包方、设计单位、监理单位、地方相关部门、当地百姓、供货商、分包商等，它们的需求又和项目部不同，各有各的需求目标，在此不一一赘述。

总之，一个施工项目的不同利益相关者各有不同的需求，有的相差甚远，甚至是互相抵触和矛盾的。这就更需要工程项目管理者对这些不同的需求者加以协调和分别，统筹兼顾，分类管理，以取得大局稳定和平衡，最大限度地调动工程项目所有利益相关者的积极性，减少他们对工程项目施工组织管理带来的阻力和消极影响。

4.环境和协调

要使工程项目施工管理取得成功，项目经理除了需要对项目本身的组织及其内部环境有充分的了解外，还需要对工程项目所处的外部环境有正确的认识和把握，同时，根据内外部环境加以有效协调和驾驭，才能达到内部团结合作，外部友好和谐。内外部环境和协调涉及的领域十分广泛，每个领域的历史、现状和发展趋势都可能对工程项目施工管理产生或多或少的影响，在某种特定情况下甚至是决定性的影响。对内部环境的协调在其他章节逐步讲述，在此仅就水利工程项目施工外部环境的协调作简要说明。

（1）文化和意识

文化是人们在社会历史发展进程中所创造的物质财富和精神财富的总和，一般特指精神财富，如文学、艺术、音乐、教育、科学等，也包括行为方式、信仰、制度、惯例等。工程项目施工管理也要了解工程所在地的文化，尊重当地的风俗习惯。例如，制订施工项目进度计划时必须考虑当地的节假日习惯；在工程项目沟通中，善于在适当的时候使用当地的文字、语言和交往方式，往往能取得意想不到的效果。文化也可以逐渐融合，在工程项目施工过程中，通过不同文化的交流，可以减少摩擦、增进理解、取长补短、互相促进。尤其在少数民族、边远地区或有特殊文化背景的地方施工，更要充分了解当地情况。

（2）规章和标准

规章和标准是不同行业对其产品、工艺、服务或建设等的特征做出定性和参照规定的文件，规章是强制性执行的，没有空间余地，而标准是要求或希望达到的目标，并带有提倡性、推广性、参照性、普及性，并不具有强制执行的性质。

规章包括国家法律、法规和行业或地方规章，也包括单位内部制定的制度和章程。

水利工程施工企业制定和执行的规章制度和项目部施行的制度和章程等就是水利工程项目施工管理的内部规章。无论是国家规章还是企业及项目部章程和制度，对工程项目的科研、规划、设计、监理、施工、建管、监督、合同管理、质量管理、工期管理、资金管理、安全管理、文明施工和环境保护等都有重要影响和作用。

目前世界上有花样繁多的涉及各行各业的各种标准在使用和更新中，几乎涉及了所有的领域。在水利工程方面从鉴定、论证、勘探、规划、审批、设计、招标、监理、施工、管理、运行、维护等各个环节都有相应的制度和规程及规范，使水利工程项目建设进入了鉴定尊实、论证尊据、勘探尊规、规划尊标、审批尊序、设计尊概、招标尊法、监理尊纲、施工尊约、管理尊方、运行尊程、维护尊用的阶段，规章和标准贯穿整个工程项目的全过程，只是执行的程度存有差异而已。所以，作为一名建造师无论负责什么工作，是否处于项目经理等领导岗位，都要遵守国家和行业等相关法律法规，原则性问题和大事上不能糊涂或我行我素。

项目经理虽然是一个社会地位并不高的岗位，也是一个没有任何级别的临时"官"，但拥有超过其地位的实权和高于其级别的财权，用一句比较流行的话说是"高危岗位"，但"危"与"安"一则靠自己，二则靠监督，因此，洁身自爱和企业及社会监管是培养项目经理的义务和责任。

二、水利工程施工管理的特点及职能

（一）施工管理的特点

几乎所有的基础设施工程建设项目，其施工管理与传统的部门管理和工厂生产线管理相比最大特点是基础设施工程项目施工管理注重于综合性和可塑性，并且基础设施工程项目施工管理工作有严格的工期限制。基础设施工程项目施工管理必须通过预先不确定的过程，在确定的工期限度内建设成同样是无法预先判定的设计实体，因此，需求目标和进度控制常对工程项目施工管理产生很大的影响。仅就水利工程项目施工管理来说，一般表现在几个方面：

1.水利工程项目施工管理的对象是企业承建的所有工程项目，对一个项目部而言，就是项目部正在准备进场建设或正在建设管理之中的中标工程

水利工程项目施工管理是针对该工程项目的特点而形成的一种特有的管理方式，因而其适用对象是水利工程项目尤其是类似设计的同类工程项目；鉴于水利工程项目施工管理越来越讲究科学性和高效性，项目部有时会将重复性的工序和工艺分离出来，根据阶段工期的要求确定起始和终结点，内部进行分项承包，承包者将所承包的部位按整个工程项目的施工管理来组织和实施，以便于在其中应用和探索水利工程项目施工管理的成功方法和实践经验。

2.水利工程项目施工管理的全过程贯穿着系统工程的含义

水利工程项目施工管理把要施工建设的工程项目看成一个完整的系统，依据系统

论将整体进行分解最终达到综合的原理，先将系统分解为许多责任单元，再由责任者分别按相关要求完成单元目标，然后把各单元目标汇总、综合成最终的成果；同时，水利工程项目施工管理把工程项目实施看成一个有始有终的生命周期过程，强调阶段计划对总体计划的保障率，促使管理者不得忽视其中的任何阶段计划以免影响总体计划，甚至造成总体计划落空。

3.水利工程项目施工管理的组织具有特殊性或个性

水利工程项目施工管理的一个最明显的特征就是其组织的个性或特殊性。其特殊性或个性表现在以下几个方面：

（1）具有"基础设施工程项目组织"的概念和内容

水利工程项目施工管理的突出特点是将工程项目施工过程本身作为一个组织单元，管理者围绕该工程项目施工过程来组织相关资源。

（2）水利工程项目施工管理的组织是临时性的或阶段性的

由于水利工程项目施工过程对该工程而言是一次性完成的，而该工程项目的施工过程组织是为该工程项目的建设服务的，该工程项目施工完毕并验收合格达到运行标准，其管理组织的使命也就自然宣告结束了。

（3）水利工程项目施工管理的组织是可塑性的

所谓可塑性即是可变的、有柔性和弹性的。因此，水利工程项目的施工组织不受传统的固定建制的组织形式所束缚，而是根据该工程项目施工管理组织总体计划组建对应的组织形式，同时，在实施过程中，又可以根据对各个阶段计划的具体需要，适时地调整和增减组织的配置，以灵活、简单、高效和节省的组织形式来完成组织管理过程。

（4）水利工程项目施工管理的组织强调其协调控制职能

水利工程项目施工管理是一个综合管理过程，其组织结构的规划设计必须充分考虑有利于组织各部分的协调与控制，以保证该工程项目总体目标的实现。因此，目前水利工程项目施工管理的组织结构多为矩阵结构，而非直线职能结构。

（5）水利工程项目施工管理的组织因主要管理者的不同而不同，即使同一个主要管理者对不同的水利工程项目也有不同的组织形式

这就是说，工程项目经理或经理班子是决定组织形式的根本。同一个工程项目，委派不同的项目经理就会出现不同的组织形式，工程项目组织形式因人而异；同一个项目经理前后担任两个工程项目的负责人，两个项目部的组织形式也会有所差别，同时，工程项目组织形式还因时间和空间不同而不同。

（6）水利工程项目施工管理的组织因其他资源及施工条件不同而不同

其他资源是指除了人力资源以外的所有资源，材料、施工设备、施工技术、施工方案、当地市场、工程资金等与工程项目建设组织过程相关的有形及无形资源，所有这些资源均因工程所处的位置、时间、要求等不同而差别很大，所以，资源的变化必然导致工程项目施工组织形式发生变化；施工条件是指工程所处的地理位置、自然状况、交通情况、发包人建管要求、当地材料及劳力供应、地方风俗习惯、地方治安情况、设计和监理单位水平、主管部门管理能力等，这些条件的变化往往影响着工程项目施工组织形式的变动和调整。

由此可见，水利工程项目管理成功与否，与项目经理及其团队现场管理水平、综合能力、业务素质、适应性及协调力等有极大的关系，同时，能否根据水利工程施工过程把握和处理好各种变化因素及柔性程度，是项目班子尤其是项目经理的主要工作内容。

4.水利工程项目施工管理的体制是一种基于团队管理的个人负责制

由于工程项目施工系统管理的要求，需要集中权力以控制工程实施正常进行，因而项目经理是一个关键职位，他的组织才能、管理水平、工作经验、业务知识、协调能力、个人威信、为人素质、工作作风、道德观念、处事方法、表达能力以及事业心和责任感等综合素质，直接关系到项目部对工程项目组织管理的结果，所以，项目经理是完成工程项目施工任务的最高责任者、组织者和管理者，是项目施工过程中责、权、利的主体，在整个工程项目施工活动中占有举足轻重的地位，因此，项目经理必须由企业总经理聘任，以便其成为企业法人代表在该工程项目上的全权委托代理人。项目经理不同于企业职能部门的负责人，他应具备综合的知识、经验、素质和水平，应该是一个全能型的人才。由于实行项目经理责任制，因此，除特殊情况外，项目经理在整个工程项目施工过程中是固定不变的，必须自始至终全力负责该项目施工的全过程活动，直至工程项目竣工，项目部解散。为了和国际接轨并完善和提高项目经理队伍的后备力量，国家推行注册建造师制度，要求项目经理必须具备注册建造师资格，而注册建造师又是通过考试的方式产生的，这就必然发生不具备项目经理水平和能力的人因为具备文化水平和考试能力而获得建造师资格，而有些真正具备项目经理能力的人因不具备文化水平和考试能力而被置于建造师队伍之外从而与项目经理岗位无缘。这是当前带有一定普遍性的问题，希望具备建造师资格的人员能及时了解和掌握项目经理岗位真正的精髓，多参加一些工程项目的建设管理工作，并通过实践积累和总结一个项目经理应该具备的素质和能力，在不久的将来自己能胜任项目经理岗位的工作，而不仅仅只会纸上谈兵。没有从事一定工程技术、管理实践的建造师很难成为一名合格的项目经理。

5.水利工程项目施工管理的方式简单地说就是单一的目标管理，具体一点说是一种多层次的目标管理方式

由于水利工程项目的特殊性所决定，涉及的专业领域比较宽广，而每一个工程项目管理者只能对某一个或几个领域有研究和熟悉，对其他专业只能在日常工作中对其有所了解但不可能像该领域的内行那样达到精通，对每一个专业领域都熟知的工程项目管理者是没有的，成功的项目组织和管理者是不是一个所有领域的专家或熟练工并不重要，重要的是管理者会不会使用专家和熟练工，懂不懂得尊重别人的意见和建议，善不善于集众家所长于一身用于组织和管理工作。现在已进入高科技时代，管理者研究的是怎样管理、怎样组织和分配好各种资源，没有必要也不必事无巨细的亲自操作，对大多数工程项目实施过程而言也不可能做到，而是以综合协调者的身份，向被授权的科室和工段负责人讲明所承担工作的责任和义务以及考核要点，协商确定目标以及时间、经费、工作标准的限定条件，具体工作则由被授权者独立处理，被授权者应经常反馈信息，管理者应经常检查督促并在遇到困难需要协调时及时给予有关的支持和帮助。可见，水利工程项目施工管理的核心在于要求在约束条件下实现项目管

理的目标，其实现的方法具有灵活性和多样性。

6.水利工程项目施工管理的要点是创造和保持一种使工程项目顺利进行的良好环境和有利条件

所以，管理就是创造和保持适合工程实施的环境和条件，使置身于其中的人力等资源能在协调者的组织中共同完成预定的任务，最终达到既定的目标。这一特点再次说明了工程项目管理是一个过程管理和系统管理，而不仅仅是技术高低和单单完成技术过程。由此可见，及时预见和全面创造各种有利条件，正确及时地处各种计划外的意外事件才是工程项目管理的主要内容。

7.水利工程项目施工管理的方式、方法、工具和手段具有时代性、灵活性和开放性

在方式上，应积极采用国际和国内先进的管理模式，像目前在各建筑领域普遍推广的项目经理负责制就是吸纳了国外的先进模式，结合我国的国情和行业特点而实行的有效管理方式；在管理方法上，应尽量采用科学先进、直观有效的管理理论和方法，如网络计划在基础设施工程施工中的应用对编制、控制和优化工程项目工期进度起到了重要作用，是以往流线图和横道图无法比拟和实现的，采用目标管理、全面质量管理、阶段工期管理、安全预防措施、成本预测控制等理论和方法等，都为控制和实现工程项目总目标起到了积极作用；在工具方面，采用跟上时代发展潮流的先进或专用施工设备和工器具，运用电子计算机进行工程项目施工过程中的信息处理、方案优化、档案管理、财务和物资管理等，不仅证明了企业的势力，更提高了工程项目施工管理的成功率，完善了工程项目的施工质量，加快了项目的施工进度；同时，在手段方面，管理者既要针对项目实施的具体情况，制定和完善简洁、易行、有力、公正的各种硬性制度和措施，又要实行人性化管理，使参建者心中不禁明白自己应该干什么不应该干什么，该干的干好以后结果是什么，不该干的干了要面对的是什么，还要让所有人员真正亲身感受到在工地现场处处有亲情、处处有温暖、处处受尊重，打造出团结、和谐、关爱的施工氛围，必然能收到奋进、互助、朝气的工作热情。施工人员尤其是我们水利工程的施工人员的确不容易，不仅要远离亲人还要到偏僻的地方过着几乎与繁华城市隔绝的艰苦生活，要收住他们的心不只是经济问题，在某种程度上关注和体贴显得更为重要。

（二）施工管理的职能

水利工程项目施工管理最基本的职能有：计划、组织和评价与控制。

1.工程项目施工计划

工程项目施工计划就是根据该工程项目预期目标的要求，对该工程项目施工范围内的各项活动做出有序合理的安排。它系统地确定工程项目实施的任务、工期进度和完成施工任务所需的各种资源等，使工程项目在合理的建设工期内，用尽可能低的成本，达到尽可能高的质量标准，满足工程的使用要求，让发包人满意，让社会放心。任何工程项目管理都要从制订项目实施计划开始，项目实施计划是确定项目建设程序、控制方法和监督管理的基础及依据。工程项目实施的成败首先取决于工程项目实施计划编制的质量，好的实施计划和不切实际的实施计划其结果会有天壤之别。工程项目实施计划一经确定，应作为该工程项目实施过程中的法律来执行，是工程项目施

工中各项工作开展的基础，是项目经理和项目部工作人员的工作准则和行为指南。工程项目实施计划也是限定和考核各级执行人责权利的依据，对于任何范围的变化都是一个参照点，从而成为对工程项目进行评价和控制的标准。工程项目实施计划在制定时应充分依据国家的法律、法规和行业的规程、标准，充分参照企业的规章和制度，充分结合该工程的具体情况，充分运用类似工程成功的管理经验和方式方法，充分发挥该项目部人员的聪明才智。工程项目实施计划按其作用和服务对象一般分为五个层次：决策型计划、管理型计划、控制型计划、执行型计划、作业型计划。

水利工程项目实施计划按其活动内容细分为：工程项目主体实施计划、工期进度计划、成本控制计划、资源配置计划、质量目标计划、安全生产计划、文明环保计划、材料供应计划、设备调拨计划、阶段验收计划、竣工验收计划、交付使用计划等。

2.工程项目组织有两重含义

一是指项目组织机构设置和运行，二是指组织机构职能。工程项目管理的组织，是指为进行工程项目建设过程管理、完成工程项目实施计划、实现组织机构职能而进行的工程项目组织机构的建立、组织运行与组织调整等组织活动。工程项目管理的组织职能包括五个方面：工程项目组织设计、工程项目组织联系、工程项目组织运行，工程项目组织行为与工程项目组织调整。工程项目组织是实现项目实施计划、完成项目既定目标的基础条件，组织的好坏对于能否取得项目成功具有直接的影响，只有在组织合理化的基础上才谈得上其他方面的管理。基础工程项目的组织方式根据工程规模、工程类型、涉及范围、合同内容、工程地域、建管方式、当地风俗、自然环境、地质地貌、市场供应等因素的不同而有所不同，典型的工程项目组织形式有三种：

（1）树型组织

是指从最高管理层到最低管理层，按层级系统以树状形式展开的方式建立的工程项目组织形式，包括直线制、职能制、直线职能综合制、纯项目型组织等多个种类。树型组织比较适合于单一的、涉及部门不多的、技术含量不高的中小型工程建设项目。当前的趋势是树型组织日益向扁平化的方向发展。

（2）矩阵形组织

矩阵形组织是现代典型的对工程项目实施管理应用最广泛的组织形式，它按职能原则和对象（工程项目或产品）原则结合起来使用，形成一个矩阵形结构，使同一个工程项目工作人员既参加原职能科室或工段的工作，又参加工程项目协调组的工作，肩负双重职责同时受双重领导。矩阵形组织是目前最为典型和成功的工程项目实施组织形式。

（3）网络型组织

网络型组织是企业未来和工程项目管理进步的一种理想的组织形式，它立足于以一个或多个固定连接的业务关系网络为基础的小单位的联合。它以组织成员间纵横交错的联系代替了传统的一维或二维联系，采用平面性和柔性组织体制的新概念，形成了充分分权与加强横向联系的网络结构。典型的网络型组织不仅在基础设施工程领域开始探索和使用，在其他领域也在逐步完善和推行，如虚拟企业、新兴的各种项目型公司等也日益向网络型组织的方向发展。

3.项目评价与控制

项目计划只是对未来做出的预测和提前安排，由于在编制项目计划时难以预见的问题很多，因此在项目组织实施过程中往往会产生偏差。如何识别这些实际偏差、出现偏差如何消除并及时调整计划对管理者来说是对工程项目评价和控制的关键，以确保工程项目预定目标的实现，这就是工程项目管理的评价与控制职能所要解决的主要问题。这里所说的工程项目评价不同于传统意义上的项目评价，应根据项目具体问题具体对待，不是一概而论。不同性质的项目有其不同的特点和要求，应根据具体特点和要求进行切实的评价和控制。工程施工项目评价是该工程项目控制的基础和依据，工程项目施工控制则是对该工程项目施工评价的根本目的和整体

总结。要有效地实现工程项目施工评价和控制的职能，必须满足以下条件：（1）工程项目实施计划必须以适合于该工程项目评价的方式来表达。（2）工程项目评价的要素必须与该工程项目实施计划的要素相一致。（3）实施计划的进行（组织）及相应的评价必须按足够接近的时间间隔进行，一旦发现偏差，可以保证有足够的时间和资源来纠偏。工程项目评价和控制的目的，就是通过组织和管理运行机制，根据实施计划进行中的实际情况做出及时合理的调整，使得工程项目施工组织达到按计划完成的目的。从内容上看，工程项目评价与控制可以分为工作控制、费用控制、质量控制、进度控制、标准控制、责任目标控制等。

第二章　水利工程施工导流

第一节　施工导流

施工导流是指在水利水电工程中为保证河床中水工建筑物干地施工而利用围堰围护基坑，并将天然河道河水导向预定的泄水道，向下游宣泄的工程措施。

一、全段围堰法导流

全段围堰法导流，就是在河床主体工程的上、下游各建一道断流围堰，使水流经河床以外的临时或永久泄水道下泄。在坡降很陡的山区河道上，若泄水建筑物出口处的水位低于基坑处河床高程时，也可不修建下游围堰。主体工程建成或接近建成时，再将临时泄水道封堵。这种导流方式又称为河床外导流或一次拦断法导流。

按照泄水建筑物的不同，全段围堰法一般又可划分为明渠导流、隧洞导流和涵管导流。

（一）明渠导流

明渠导流是在河岸或滩地上开挖渠道，在基坑上、下游修建围堰，使河水经渠道向下游宣泄。一般适用于河流流量较大、岸坡平缓或有宽阔滩地的平原河道，如图2-1（a）所示。在规划时，应尽量利用有利条件以取得经济合理的效果。如利用当地老河道，或利用裁弯取直开挖明渠，或与永久建筑物相结合，埃及的阿斯旺坝就是利用了水电站的引水渠和尾水渠进行施工导流，如图2-1（b）所示。目前导流流量最大的明渠为中国三峡工程导流明渠，其轴线长3410.3m，断面为高低渠相结合的复式断面，最小底宽350m，设计导流流量为79000m³/s，通航流量为20000~35000m³/s。

导流明渠的布置设计，一定要以保证水流顺畅、泄水安全、施工方便、缩短轴线及减少工程量为原则。明渠进、出口应与上下游水流平顺衔接，与河道主流的交角以30°左右为宜；为保证水流畅通，明渠转弯半径应大于5b（b为渠底宽度）；明渠进出上下游围堰之间要有适当的距离，一般以50~100m为宜，以防明渠进出口水流冲刷围堰的迎水面。此外，为减少渠中水流向基坑内入渗，明渠水面到基坑水面之间的最短距离宜大于（2.5~3.0）H（H为明渠水面与基坑水面的高差，以m计）。同时，为避免水流紊乱和影响交通运输，导流明渠一般单侧布置。

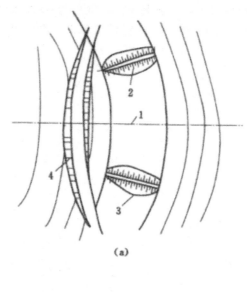

（a）

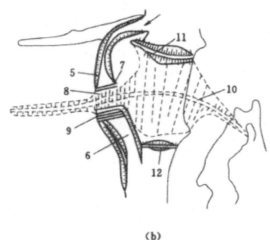

（b）

图2-1 明渠导流示意图

（a）在岸坡上开挖的明渠；（b）利用水电站引水渠和尾水渠的导流明渠

1—水工建筑物轴线；2—上游围堰；3—下游围堰；4—导流明渠；5—电站引水渠；

6—电站尾水渠；7—电站进水口；8—电站引水隧洞；9—电站厂房；

10—大坝坝体；11—上游围堰；12—下游围堰

此外，对于要求施工期通航的水利工程，导流明渠还应考虑通航所需的宽度、深度和长度的要求。

（二）隧洞导流

隧洞导流是在河岸山体中开挖隧洞，在基坑的上下游修筑围堰，一次性拦断河床形成基坑，保护主体建筑物干地施工，天然河道水流全部或部分由导流隧洞下泄的导流方式。这种导流方法适用于河谷狭窄、两岸地形陡峻、山岩坚实的山区河流，如图2-2所示。例如，xx水利枢纽工程导流洞工程，级别为4级，洞长约572m、洞口净断面为11m×13m，设计流量为1750m³/s；xx隧洞工程，标准断面宽×高为17.5m×23m，两条洞长度分别为1.03km和1.1km，设计流量13500m³/s（图2-3）。

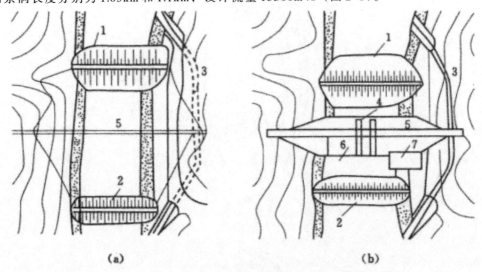

图2-2 隧洞导流示意图

（a）隧洞导流；（b）隧洞导流并配合底孔宣泄汛期洪水

1—上游围堰；2—下游围堰；3—导流隧洞；4—底孔；

5—坝轴线；6—溢流坝段；7—水电站厂房

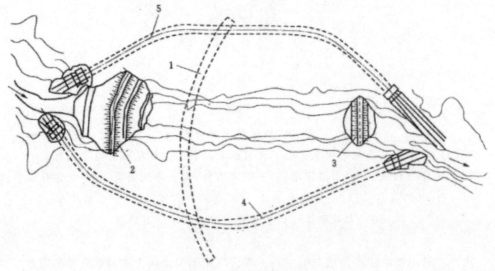

图2-3 xx水电站隧洞导流

1—混凝土拱坝；2—上游围堰；3—下游围堰；4—右导流隧洞；5—左导流隧洞

　　导流隧洞的布置，取决于地形、地质、枢纽布置以及水流条件等因素，具体要求与水工隧洞类似。但必须指出，为了提高隧洞单位面积的泄流能力、减小洞径，应注意改善隧洞的过流条件。隧洞进出口应与上下游水流平顺衔接，与河道主流的交角以

30°左右为宜；有条件时，隧洞最好布置成直线，若有弯道，其转弯半径以大于5b（b为洞宽）为宜；否则，因离心力作用会产生横波，或因流线折断而产生局部真空，影响隧洞泄流，严重时还会危及隧洞安全。隧洞进出口与上下游围堰之间要有适当距离，一般宜大于50m，以防隧洞进出口水流冲刷围堰的迎水面。

隧洞断面形式可采用方圆形、圆形或马蹄形，以方圆形居多。一般导流临时隧洞，若地质条件良好，可不做专门衬砌。为降低糙率，应进行光面爆破，以提高泄量，降低隧洞造价。

（三）涵管导流

涵管一般为钢筋混凝土结构。河水通过埋设在坝下的涵管向下游宣泄。

涵管导流适用于导流流量较小的河流或只用来负担枯水期的导流。一般在修筑土坝、堆石坝等工程中采用。涵管通常布置在河岸滩地上其位置常在枯水位以上，这样可在枯水期不修围堰或只修小围堰而先将涵管筑好，然后再修上、下游断流围堰，将河水经涵管下泄。

涵管外壁和坝身防渗体之间易发生接触渗流，通常叮在涵管外壁每隔一定距离设置截流环，以延长渗径，降低渗透坡降，减少渗流的破坏作用。此外，必须严格控制涵管外壁防渗体填料的压实质量。涵管管身的温度缝或沉陷缝中的止水也必须认真对待。

二、分段围堰法导流

分段围堰法导流，也称分期围堰导流，就是用围堰将水工建筑物分段分期围护起来进行施工的方法。分段就是将河床围成若干个干地施工基坑，分段进行施工。分期就是从时间上按导流过程划分施工阶段。段数分得越多，围堰工程量越大，施工也越复杂；同样，期数分得越多，工期有可能拖得越长。因此，在工程实践中，两段两期导流采用的最多。

三、导流方式的选择

（一）选择导流方式的一般原则

导流方式的选择，应当是工程施工组织总设计的一部分。导流方式选择是否得当，不仅对于导流费用有重大影响，而且对整个工程设计、施工总进度和总造价都有重大影响。

导流方式的选择一般遵循以下原则：（1）导流方式应保证整个枢纽施工进度最快、造价最低。（2）因地制宜，充分利用地形、地质、水文及水工布置特点选择合适的导流方式。（3）应使整个工程施工有足够的安全度和灵活性。（4）尽可能满足施工期国民经济各部门的综合利用要求，如通航、过鱼、供水等。（5）施工方便，干扰小，技术上安全可靠。

（二）影响导流方案选择的主要因素

水利水电枢纽工程施工，从开工到完工往往不是采用单一的导流方式，而是几种导流方式组合起来配合运用，以取得最佳的技术经济效果。这种不同导流时段、不同导流方式的组合，通常称为导流方案。选择导流方案时应考虑的主要因素有以下几种：

1.水文条件

河流的水文特性，在很大程度上影响着导流方式的选择。每种导流方式均有适用的流量范围。除了流量大小外，流量过程线的特征、冰情与泥沙也影响着导流方式的选择。

2.地形、地质条件

前面已叙述过每种导流方式适用于不同的地形地质条件，如宽阔的平原河道，宜用分期或导流明渠导流，河谷狭窄的山区河道，常用隧洞导流。当河床中有天然石岛或沙洲时，采用分段围堰法导流，更有利于导流围堰的布置，特别是纵向围堰的布置。在河床狭窄、岸坡陡峻、山岩坚实的地区，宜采用隧洞导流。至于平原河道、河流的两岸或一岸比较平坦，或有河湾、老河道可资利用，则宜采用明渠导流。

3.枢纽类型及布置

水工建筑物的形式和布置与导流方案的选择相互影响，因此，在决定水工建筑物型式和布置时，应该同时考虑并初步拟定导流方案，应充分考虑施工导流的要求。

分期导流方式适用于混凝土坝枢纽；而土坝枢纽因不宜分段填筑，且一般不允许溢流，故多采用全段围堰法。高水头水利枢纽的后期导流常需多种导流方式的组合，导流程序也较复杂。例如，狭窄处高水头混凝土坝前期导流可用隧洞，但后期导流则常利用布置在坝体不同高程的泄水孔过流；高水头上石坝的前后期导流，一般采用布置在两岸不同高程上的多层隧洞；如果枢纽中有永久泄水建筑物，如泄水闸、溢洪坝段、隧洞、涵管、底孔、引水渠等，应尽量加以利用。

4.河流综合利用要求

施工期间，为了满足通航、筏运、供水、灌溉、生态保护或水电站运行等的要求，导流问题的解决更加复杂。在通航河道上，大都采用分段围堰法导流，要求河流在束窄以后，河宽仍能便于船只的通行，水深要与船只吃水深度相适应，束窄断面的最大流速一般不应超过 $2.0 \text{m}^3/\text{s}$，特殊情况需与当地航运部门协商研究确定。

分期导流和明渠导流易满足通航、过木、过鱼、供水等要求。而某些峡谷地区的工程，为了满足过水要求，用明渠导流代替隧洞导流，这样又遇到了高边坡开挖和导流程序复杂化的问题，这就往往需要多方面比较各种导流方案的优缺点再选择。在施工中、后期，水库拦洪蓄水时要注意满足下游供水、灌溉用水和水电站运行的要求。而某些工程为了满足过鱼需要，还需建造专门的鱼道、鱼类增殖站或设置集鱼装置等。

5.施工进度、施工方法及施工场地布置

水利水电工程的施工进度与导流方案密切相关。通常是根据导流方案安排控制性进度计划。在水利水电枢纽施工导流过程中，对施工进度起控制作用的关键性时段主要有导流建筑物的完工工期、截断河床水流的时间、坝体拦洪的期限、封堵临时泄水建筑物的时间以及水库蓄水发电的时间等，各项工程的施工方法和施工进度之间影响到各时段中导流任务的合理性和可能性。例如，在混凝土坝枢纽中，采用分段围堰法施工时若导流底孔没有建成，就不能截断河床水流和全面修建第二期围堰；若坝体没有达到一定高程和没有完成基础及坝身纵缝的接缝灌浆，就不能封堵底孔，水库也不能蓄水。因此，施工方法、施工进度与导流方案是密切相关的。

此外，导流方案的选择与施工场地的布置也相互影响。例如，在混凝土坝施工中，当混凝土生产系统布置在一岸时，宜采用全段围堰法导流。若采用分段围堰法导流，则应以混凝土生产系统所在的一岸作为第一期工程，因为这样两岸施工交通运输问题比较容易解决。

导流方案的选择受多种因素的影响一个合理的导流方案，必须在周密研究各种影响因素的基础上，拟定几个可能的方案，并进行技术经济比较，从中选择技术经济指标优越的方案。

第二节 施工截流

一、截流方法

当泄水建筑物完成时，抓住有利时机，迅速实现围堰合龙，迫使水流经泄水建筑物下泄，称为截流。

截流工程是指在泄水建筑物接近完工时，即以进占方式自两岸或一岸建筑戗堤（作为围堰的一部分）形成龙口，并将龙口防护起来，待其他泄水建筑物完工以后，在有利时机，全力以最短时间将龙口堵住，截断河流。接着在围堰迎水面投抛防渗材料闭气，水即全部经泄水道下泄。在闭气同时，为使围堰能挡住当时可能出现的洪水，必须立即加高培厚围堰，使之迅速达到相应设计水位的高程以上。

截流工程是整个水利枢纽施工的关键，它的成败直接影响工程进度。如失败了，就可能使进度推迟一年。截流工程的难易程度取决于河道流量、泄水条件；龙口的落差、流速、地形地质条件；材料供应情况及施工方法、施工设备等因素。因此事先必须经过充分的分析研究，采取适当措施，才能保证截流施工中争取主动，顺利完成截流任务。

河道截流工程在我国已有千年以上的历史。在黄河防汛、海塘工程和灌溉工程上积累了丰富的经验，如利用捆厢帚、柴石枕、柴土枕、枵杈、排桩填帚截流，不仅施工方便速度快，而且就地取材，因地制宜，经济适用。新中国成立后，我国水利建设发展很快，江淮平原和黄河流域的不少截流堵口、导流堰工程多是采用这些传统方法完成的。此外，还广泛采用了高度机械化投块料截流的方法。

选择截流方式应充分分析水力学参数、施工条件和难度、抛投物数量和性质，并进行技术经济比较。截流方法包括以下几种：（1）单戗立堵截流。简单易行，辅助设备少，较经济，适用于截流落差不超过3.5m，但龙口水流能量相对较大，流速较高，需制备较多的重大抛投物料。（2）双戗和多戗立堵截流。可分担总落差，改善截流难度，适用于截流落差大于3.5m。（3）建造浮桥或栈桥平堵截流。水力学条件相对较好，但造价高，技术复杂，一般不常选用。（4）定向爆破截流、建闸截流等。只有在条件特殊、充分论证后方宜选用。

二、投抛块料截流

投抛块料截流是目前国内外最常用的截流方法，适用于各种情况，特别适用于大流量、大落差的河道上的截流。该法是在龙口投抛石块或人工块体（混凝土方块、混凝土四面体、铅丝笼、柳石枕、串石等）堵截水流，迫使河水经导流建筑物下泄。采用投抛块料截流，按不同的投抛合龙方法，截流可分为立堵、平堵、混合堵三种方法。

（一）立堵法

先在河床的一侧或两侧向河床中填筑截流戗堤，逐步缩窄河床，即进占；当河床束窄到一定的过水断面时即行停止（这个断面称为龙口），对河床及龙口戗堤端部进行防冲加固（护底及裹头）；然后掌握时机封堵龙口，使戗堤合龙；最后为了解决戗堤的漏水，必须即时在戗堤迎水面设置防渗设施（闭气）。整个截流过程包括进占、护底及裹头、合龙和闭气等项工作。截流之后，对戗堤加高培厚即修成围堰。

（二）平堵法

平堵法截流是沿整个龙口宽度全线抛投，抛投料堆筑体全面上升，直至露出水面。为此，合龙前必须在龙口架设浮桥。由于它是沿龙口全宽均匀平层抛投，所以其单宽流量较小，出现的流速也较小，需要的单个抛投材料重量也较轻，抛投强度较大，施工速度较快，但有碍通航。

（三）混合堵

混合堵是指立堵结合平堵的方法。在截流设计时，可根据具体情况采用立堵与平堵相结合的截流方法，如先用立堵法进占，然后在龙口小范围内用平堵法截流；或先用船抛土石材料平堵法进占，然后再用立堵法截流。用得比较多的是首先从龙口两端下料保护戗堤头部，同时进行护底工程并抬高龙口底槛高程到一定高度，最后用立堵截断河流。平堵可以采用船抛，然后用汽车立堵截流。

三、爆破截流

（一）定向爆破截流

如果坝址处于峡谷地区，而且岩石坚硬，交通不便，岸坡陡峻，缺乏运输设备时，可利用定向爆破截流。

（二）预制混凝土爆破体截流

为了在合龙关键时刻瞬间抛入龙口大量材料封闭龙口，除了用定向爆破岩石外，还可在河床上预先浇筑巨大的混凝土块体，合龙时将其支撑体用爆破法炸断，使块体落入水中，将龙口封闭。

采用爆破截流，虽然可以利用瞬时的巨大抛投强度截断水流，但因瞬间抛投强度很大，材料入水时会产生很大的挤压波，巨大的波浪可能使已修好的戗堤遭到破坏，并会造成下游河道瞬间断流。此外，定向爆破岩石时，还需校核个别飞石距离，空气冲击波和地震的安全影响距离。

四、下闸截流

人工泄水道的截流，常在泄水道中预先修建闸墩，最后采用下闸截流。天然河道中，有条件时也可设截流闸，最后下闸截流。

除以上方法外，还有一些特殊的截流合龙方法，如木笼、钢板桩、草土、杩槎堰截流、埽工截流、水力冲填法截流等。

综上所述，截流方式虽多，但通常多采用立堵、平堵或混合堵截流方式。截流设计中，应充分考虑影响截流方式选择的条件，拟定几种可行的截流方式，通过对水文气象条件、地形地质条件、综合利用条件、设备供应条件、经济指标等进行全面分析，经技术比较选定最优方案。

五、截流时间和设计流量的确定

（一）截流时间的选择

截流时间应根据枢纽工程施工控制性进度计划或总进度计划决定，至于时段选择，一般应考虑以下原则，经过全面分析比较而定。

（1）尽可能在较小流量时截流，但必须全面考虑河道水文特性和截流应完成的各项控制工程量，合理使用枯水期。（2）对于具有通航、灌溉、供水、过木等特殊要求的河道，应全面兼顾这些要求，尽量使截流对河道的综合利用的影响最小。（3）有冰冻河流，一般不在流冰期截流，避免截流和闭气工作复杂化，如特殊情况必须在流冰期截流时应有充分论证，并有周密的安全措施。

（二）截流设计流量的确定

一般设计流量按频率法确定，根据已选定截流时段，采用该时段内一定频率的流量作为设计流量。当水文资料系列较长，河道水文特性稳定时，可应用这种方法。至于预报法，因当前的可靠预报期较短，一般不能在初步设计中应用，但在截流前夕有可能根据预报流量适当修改设计。在大型工程截流设计中，通常多以选取一个流量为主，再考虑较大、较小流量出现的可能性，用几个流量进行截流计算和模型试验研究。对于有深槽和浅滩的河道，如分流建筑物布置在浅滩上，对截流的不利条件，要特别进行研究。

六、截流戗堤轴线和龙口位置的选择方法

（一）戗堤轴线位置选择

通常截流戗堤是土石横向围堰的一部分，应结合围堰结构和围堰布置统一考虑。单戗截流的戗堤可布置在上游围堰或下游围堰中非防渗体的位置。如果戗堤靠近防渗体，在二者之间应留足闭气料或过渡带的厚度，同时应防止合龙时的流失料进入防渗体部位，以免在防渗体底部形成集中漏水通道。为了在合龙后能迅速闭气并进行基坑抽水，一般情况下将单戗堤布置在上游围堰内。

当采用双戗多戗截流时，戗堤间距满足一定要求，才能发挥每条戗堤分担落差的作用。如果围堰底宽不太大，上、下游围堰间距也不太大时，可将两条戗堤分别布置在上、下游围堰内，大多数双戗截流工程都是这样做的。如果围堰底宽很大，上、下游间距也很大，可考虑将双戗布置在一个围堰内。当采用多戗时，一个围堰内通常也需布置两条戗堤，此时，两戗堤间均应有适当间距。

在采用土石围堰的一般情况下，均将截戗堤布置在围堰范围内。但是也有戗堤不与围堰相结合的，戗堤轴线位置选择应与龙口位置相一致。如果围堰所在处的地质、地形条件不利于布置戗堤和龙口，而戗堤工程量又很小，则可能将截流戗堤布置在围堰以外。龚嘴工程的截流戗就布置在上、下游围堰之间，而不与围堰相结合。由于这种戗堤多数均需拆除，因此，采用这种布置时应有专门论证。选择平堵截流戗堤轴线的位置时，应考虑便于抛石桥的架设。

（二）龙口位置选择

选择龙口位置时，应着重考虑地质、地形条件及水力条件。从地质条件来看，龙口应尽量选在河床抗冲刷能力强的地方，如岩基裸露或覆盖层较薄处，这样可避免合龙过程中的过大冲刷，防止戗堤突然塌方失事。从地形条件来看，龙口河底不宜有顺流流向陡坡和深坑。如果龙口能选在底部基岩面粗糙、参差不齐的地方，则有利于抛投料的稳定。另外，龙口周围应有比较宽阔的场地，离料场和特殊截流材料堆场的距离近，便于布置交通道路和组织高强度施工，这一点也是十分重要的。从水力条件来看，对于有通航要求的河流，预留龙口一般均布置在深槽主航道处，有利于合龙前的通航，至于对龙口的上、下源水流条件的要求，以往的工程设计中有两种不同的见解：一种认为龙口应布置在浅滩，并尽量造成水流进出龙口折冲和碰撞，以增大附加壅水作用；另一种认为进出龙口的水流应平直顺畅，因此可将龙口设在深槽中。实际上，这两种布置各有利弊，前者进口处的强烈侧向水流对戗堤端部抛投料的稳定不利，由龙口下泄的折冲水流易对下游河床和河岸造成冲刷。后者的主要问题是合龙段戗堤高度大，进占速度慢，而且深槽中水流集中，不易创造较好的分流条件。

（三）龙口宽度

龙口宽度主要根据水力计算而定，对于通航河流，决定龙口宽度时应着重考虑通航要求，对于无通航要求的河流，主要考虑戗堤预进占所使用的材料及合龙工程量的大小。形成预留龙口前，通常均使用一般石渣进占，根据其抗冲流速可计算出相应的龙口宽度。另一方面，合龙是高强度施工，一般合龙时间不宜过长，工程量：不宜过大。当此要求与预进占材料允许的束窄度有矛盾时，也可考虑提前使用部分大石块，或者尽量提前分流。

（四）龙口护底

对于非岩基河床，当覆盖层较深，抗冲能力小，截流过程中为防止覆盖层被冲刷，一般在整个龙口部位或困难区段进行平抛护底，防止截流料物流失量过大。对于岩基河床，有时为了减轻截流难度，增大河床糙率，也抛投一些料物护底并形成拦石坎。计算最大块体时应按护底条件选择稳定系数。

龙口护底是一种保护覆盖层免受冲刷，降低截流难度，提高抛投料稳定性及防止戗堤头部坍塌的行之有效的措施。

第三节　施工排水

基坑排水工作按排水时间及性质，一般可分为：①基坑开挖前的排水，包括基坑积水、基坑积水排除过程中围堰及基坑的渗水和降水的排除；②基坑开挖及建筑物施工过程中的经常性排水，包括围堰和基坑的渗水、降水、地基岩石冲洗及混凝土养护用废水的排除等。

一、初期排水

基坑积水主要是指围堰闭气后存于基坑内的水体，还要考虑排除积水过程中从围堰及地基渗入基坑的水量和降雨。初期排水的流量是选择水泵数量的主要依据，应根据地质情况、工期长短、施工条件等因素确定。初期排水流量可按下式估算：

$$Q=kV/T \quad （m^3/h）$$

式中：Q——初期排水流量，m^3/s；

V——基坑积水的体积，m^3；

k——积水系数，考虑了围堰、基坑渗水和可能降雨的因素，对于中小型工程，取 $k=2\sim3$；

T——初期排水时间，s。

初期排水时间与积水深度和允许的水位下降速度有关。如果水位下降太快，围堰边坡土体的动水压力过大，容易引起坍坡；如水位下降太慢，则影响基坑开挖工期。基坑水位下降的速度一般控制在 $0.5\sim1.5m/d$ 为宜。在实际工程中，应综合考虑围堰型式、地基特性及基坑内水深等因素而定。对于土围堰，水位下降速度应小于 $0.5m/d$。

根据初期排水流量即可确定水泵工作台数，并考虑一定的备用量。水利水电工地常用离心泵或潜水泵。为了运用方便，可选择容量不同的水泵，组合使用。水泵站一般布置成固定式或移动式两种，当基坑水深较大时，采用移动式。

二、经常性排水

当基坑积水排除后，立即转入经常性排水。对于经常性排水，主要是计算基坑渗流量，确定水泵工作台数，布置排水系统。

（一）排水系统布置

经常性排水通常采用明式排水，排水系统包括排水干沟、支沟和集水井等。一般情况下，排水系统分为两种情况，一种是基坑开挖中的排水，另一种是建筑物施工过程中的排水。前者是根据土方分层开挖的要求，分次下降水位，通过不断降低排水沟高程，使每一个开挖土层呈干燥状态。排水系统排水沟通常布置在基坑中部，以利两侧出土；当基坑较窄时，将排水干沟布置在基坑上游侧，以利于截断渗水。沿干沟垂直方向设置若干排水支沟。基础范围外布置集水井，井内安设水泵，渗水进入支沟后

汇入干沟，再流入集水井，由水泵抽出坑外。后者排水目的是控制水位低于坑底高程，保证施

工在干地条件下进行。排水沟通常布置在基坑四周，离开基础轮廓线不小于0.3~1.0m。集水井离基坑外缘之距离必须大于集水井深度。排水沟的底坡一般不小于0.002，底宽不小于0.3m，沟深为：干沟1.0~1.5m，支沟为0.3~0.5m。集水井的容积应保证当水泵停止运转10~15min井内的水量不致漫溢。井底应低于排水干沟底1~2m。

（二）经常性排水流量

经常性排水主要排除基坑和围堰的渗水，还应考虑排水期间的降雨、地基冲洗和混凝土养护弃水等。这里仅介绍渗流量估算方法。

1.围堰渗流量

透水地基上均匀土围堰，每m堰长渗流量q的计算按水工建筑物均质土坝渗流计算方法。

2.基坑渗流量

由于基坑情况复杂，计算结果不一定符合实际情况，应用试抽法确定。近似计算时可采用表2-1所列参数。

表2-1 地基渗流量　　　　　　　　　　　　　［单位：m³/（h·m·m²）］

地基类别	含有淤泥粘土	细砂	中砂	粗砂	砂砾石	有裂缝的岩石
渗流量 q	0.1	0.16	0.27	0.3	0.35	0.05~0.10

降雨量按在抽水时段最大日降水量在当天抽干计算；施工弃水包括基岩冲洗与混凝土养护用水，两者不同时发生，按实际情况计算。

排水水泵根据流量及扬程选择，并考虑一定的备用量。

三、人工降低地下水位

在经常性排水中，采用明排法，由于多次降低排水沟和集水井高程，变换水泵站位置，不仅影响开挖工作正常进行，还会在细砂、粉砂及砂壤土地基开挖中，因渗透压力过大而引起流砂、滑坡和地基隆起等事故，对开挖工作产生不利影响。采用人工降低地下水位措施可以克服上述缺点。人工降低地下水位，就是在基坑周围钻井，地下水渗入井中，随即被抽走，使地下水位降至基坑底部以下，整个开挖部分土壤呈干燥状态，开挖条件大为改善。

人工降低地下水位方法，按排水原理分为管井法和井点法两种。

第四节　导流验收

枢纽工程在导（截）流前，应由项目法人提出验收申请，竣工验收主持单位或其委托单位主持对其进行阶段验收。阶段验收委员会由验收主持单位、质量和安全监督

机构、工程项目所在地水利（务）机构、运行管理单位的代表以及有关专家组成，可邀请地方人民政府以及有关部门参加。

大型工程在阶段验收前，验收主持单位根据工程建设需要，成立专家组，先进行技术预验收。如工程实施分期导（截）流时，可分期进行导（截）流验收。

一、验收条件

（1）导流工程已基本完成，具备过流条件，投入使用（包括采取措施后）不影响其他未完工程继续施工。（2）满足截流要求的水下隐蔽工程已完成。（3）截流设计已获批准，截流方案已编制完成，并做好各项准备工作。（4）工程度汛方案已经有管辖权的防汛指挥部门批准，相关措施已落实。（5）截流后壅高水位以下的移民搬迁安置和库底清理已完成并通过验收。（6）有航运功能的河道，碍航问题已得到解决。

二、验收内容

（1）检查已完成的水下工程、隐蔽工程、导（截）流工程是否满足导（截）流要求。（2）检查建设征地、移民搬迁安置和库底清理完成情况。（3）审查导（截）流方案，检查导（截）流措施和准备工作落实情况。（4）检查为解决碍航等问题而采取的工程措施落实情况。（5）鉴定与截流有关已完工程施工质量。（6）对验收中发现的问题提出处理意见。（7）讨论并通过阶段验收鉴定书。

三、验收程序

（1）现场检查工程建设情况及查阅有关资料。（2）召开大会：1）宣布验收委员会组成人员名单。2）检查已完工程的形象面貌和工程质量。3）检查在建工程的建设情况。4）检查后续工程的计划安排和主要技术措施落实情况，以及是否具备施工条件。5）检查拟投入使用工程是否具备运行条件。6）检查历次验收遗留问题的处理情况。7）鉴定已完工程施工质量。8）对验收中发现的问题提出处理意见。9）讨论并通过阶段验收鉴定书。10）验收委员会委员和被验收单位代表在验收鉴定书上签字。

四、验收鉴定书

导（截）流验收的成果文件是主体工程投入使用验收鉴定书，它是主体工程投入使用运行的依据，也是施工单位向项目法人交接、项目法人向运行管理单位移交的依据。

自验收鉴定书通过之日起30个工作日内，验收主持单位发送各参验单位。

第五节　围堰拆除

围堰是临时建筑物，导流任务完成后，应按设计要求拆除，以免影响永久建筑物的施工及运转。如在采用分段围堰法导流时，第一期横向围堰的拆除，如果不合要求，势必会增加上、下游水位差，从而增加截流工作的难度，增大截流料物的质量及数量。。

土石围堰相对来说断面较大，拆除工作一般是在运行期限的最后一个汛期过后，随上游水位的下降，逐层拆除围堰的背水坡和水上部分。

一、控制爆破

控制爆破是为达到一定预期目的的爆破。如定向爆破、预裂爆破、光面爆破、岩塞爆破、微差控制爆破、拆除爆破、静态爆破、燃烧剂爆破等。

（一）定向爆破

定向爆破是一种加强抛掷爆破技术，它利用炸药爆炸能量的作用，在一定的条件下，可将一定数量的土岩经破碎后按预定的方向抛掷到预定地点，形成具有一定质量和形状的建筑物或开挖成一定断面的渠道。

在水利水电工程建设中，可以用定向爆破技术修筑土石坝、围堰、截流戗堤以及开挖渠道、溢洪道等。在一定条件下，采用定向爆破方法修建上述建筑物，较之用常规方法可缩短施工工期、节约劳力和资金。

定向爆破主要是使抛掷爆破最小抵抗线方向符合预定的抛掷方向，并且在最小抵抗线方向事先造成定向坑，利用空穴聚能效应集中抛掷，这是保证定向的主要手段。造成定向坑的方法，在大多数情况下，都是利用辅助药包，让它在主药包起爆前先爆，形成一个起走向坑作用的爆破漏斗。如果地形有天然的凹面可以利用，也可不用辅助药包。

（二）预列爆破

进行石方开挖时，在主爆区爆破之前沿设计轮廓线先爆出一条具有一定宽度的贯穿裂缝，以缓冲、反射开挖爆破的振动波，控制其对保留岩体的破坏影响，使之获得较平整的开挖轮廓，此种爆破技术为预裂爆破。预烈爆破布置在水利水电工程施工中，预裂爆破不仅在垂直、倾斜开挖壁面上得到广泛应用；在规则的曲面、扭曲面以及水平建基面等也采用预裂爆破。

1.预裂爆破要求

预裂缝要贯通且在地表有一定开裂宽度。对于中等坚硬岩石，缝宽不宜小于1.0cm；坚硬岩石缝宽应达到0.5cm左右；但在松软岩石上缝宽达到1.0cm以上时，减振作用并未显著提高，应多做些现场试验，以利总结经验。

预裂面开挖后的不平整度不宜大于15cm。预裂面不平整度通常是指预裂孔所形成之预裂面的凹凸程度，它是衡量钻孔和爆破参数合理性的重要指标，可依此验证、调整设计数据。

预裂面上的炮孔痕迹保留率应不低于80%，且炮孔附近岩石不出现严重的爆破裂隙。

2.预裂爆破主要技术措施

（1）炮孔直径一般为50~200mm，对深孔宜采用较大的孔径。（2）炮孔间距宜为孔径的8~12倍，坚硬岩石取小值。（3）不耦合系数（炮孔直径与药卷直径的比值）建议取2~4，坚硬岩石取小值。（4）线装药密度一般取250~400g/m。（5）药包结构形式，目前较多的是将药卷分散绑扎在传爆线上。分散药卷的相邻间距不宜大于50cm，且不大于药卷的殉爆距离。考虑到孔底的夹制作用较大，底部药包应加强，约为线装药密度的2～5倍。（6）装药时距孔口1m左右的深度内不要装药，可用粗砂填塞，不必捣实。填塞段过短，容易形成漏斗，过长则不能出现裂缝。

（三）光面爆破

光面爆破也是控制开挖轮廓的爆破方法之一。它与预裂爆破的不同之处在于光面爆孔的爆破是在开挖主爆孔的药包爆破之后进行。它可以使爆裂面光滑平顺，超欠挖均很少，能近似形成设计轮廓要求的爆破。光面爆破一般多用于地下工程的开挖，露天开挖工程中用得比较少，只是在一些有特殊要求或者条件有利的地方使用。

光面爆破的要领是孔径小、孔距密、装药少、同时爆。光面爆破主要参数的确定：

（1）炮孔直径宜在50mm以下。

（2）最小抵抗线W通常采用1～3m，或用下式计算：
$$W=（7～20）D$$

（3）炮孔间距a。
$$a=（0.6～0.8）W$$

（4）单孔装药量。用线装药密度。表示，即
$$Q_x=KaW$$

式中：D——孔直径；

K——单位耗药量。

（四）岩塞爆破

岩塞爆破系一种水下控制爆破。当在已成水库或天然湖泊内取水发电、灌溉、供水或泄洪时，为修建隧洞的取水工程，避免在深水中建造围堰，采用岩塞爆破是一种经济而有效的方法。它的施工特点是先从引水隧洞出口开挖，直到掌子面到达库底或湖底邻近，然后预留一定厚度的岩塞，待隧洞和进口控制闸门井全部建完后，一次将岩塞炸除，使隧洞和水库连通。

岩塞的布置应根据隧洞的使用要求、地形、地质因素来确定。岩塞宜选择在覆盖层薄、岩石坚硬完整，且层面与进口中线交角大的部位，特别应避开节理、裂隙、构造发育的部位。岩塞的开口尺寸应满足进水流量的要求。岩塞厚度应为开口直径的1～1.5倍。太厚难于一次爆通，太薄则不安全。

水下岩塞爆破装药量计算，应考虑岩塞上静水压力的阻抗，用药量应比常规抛掷爆破药量增大20%～30%。为了控制进口形状，岩塞周边采用预裂爆破以减震防裂。

（五）微差控制爆破

微差控制爆破是一种应用特制的毫秒延期雷管，以毫秒级时差顺序起爆各个（组）药包的爆破技术。其原理是把普通齐发爆破的总炸药能最分割为多数较小的能量，采取合理的装药结构，最佳的微差间隔时间和起爆顺序，为每个药包创造多面临空条件，将齐发大景药包产生的地震波变成一长串小幅值的地震波，同时各药包产生

的地震波相互干涉，从而降低地震效应，把爆破震动控制在给定水平之下。爆破布孔和起爆顺序有成排顺序式、排内间隔式（又称 V 形式）、对角式、波浪式、径向式等，或由它组合变换成的其他形式，其中以对角式效果最好，成排顺序式最差。采用对角式时，应使实际孔距与抵抗线比大于 2.5 以上，对软石可为 6~8；相同段爆破孔数根据现场情况和一次起爆的允许炸药量而确定装药结构，一般采用空气间隔装药或孔底留空气柱的方式，所留空气间隔的长度通常为药柱长度的 20%~35% 左右。间隔装药可用导爆索或电雷管齐发或孔内微差引爆，后者能更有效降震，爆破采用毫秒延迟雷管。最佳微差间隔时间一般取（3~6）W，刚性大的岩石取下限。

一般相邻两炮孔爆破时间间隔宜控制在 20~30ms，不宜过大或过小；爆破网路宜采取可靠的导爆索与继爆管相结合的爆破网路，每孔至少一根导爆索，确保安全起爆；非电爆管网路要设复线，孔内线脚要设有保护措施，避免装填时把线脚拉断；导爆索网路联结要注意搭接长度、拐弯角度、接头方向，并捆扎牢固，不得松动。

微差控制爆破能有效地控制爆破冲击波、震动、噪音和飞石；操作简单、安全、迅速；可近火爆破而不造成伤害；破碎程度好，可提高爆破效率和技术经济效益。但该网路设计较为复杂；需特殊的毫秒延期雷管及导爆材料。微差控制爆破适用于开挖岩石地基、挖掘沟渠、拆除建筑物和基础，以及用于工程量与爆破面积较大，对截面形状、规格、减震、飞石、边坡后面有严格要求的控制爆破工程。

第三章　水利工程堤防施工

第一节　堤防施工

一、堤防名称

堤也称"堤防"。沿江、河、湖、海，排灌渠道或分洪区、行洪区界修筑用以约束水流的挡水建筑物。其断面形状为梯形或复式梯形。按其所处地位及作用，又分为河堤、湖堤、渠堤、水库围堤等。黄河下游堤防起自战国时代，到汉代已具相当规模。明代潘季驯治河，更创筑遥堤、缕堤、格堤、月堤。因地制宜加以布设，进一步发挥了防洪作用。

二、堤防分类

（一）按抵抗水体性质分类

按抵抗水体性质的不同分为河堤、湖堤、水库堤防和海堤。

（二）按筑堤材料分类

按筑堤材料不同分为土堤、石堤、土石混合堤及混凝土、浆砌石、钢筋混凝土防洪墙。

一般将土堤、石堤、土石混合堤称为防洪堤；由于混凝土、浆砌石混凝土或钢筋混凝土的堤体较薄，习惯上称为防洪墙。

（三）按堤身断面分类

按堤身断面形式不同，分为斜坡式堤、直墙式堤或直斜复合式堤。

（四）按防渗体分类

按防渗体不同，分为均质土堤、斜墙式土堤、心墙式土堤、混凝土防渗墙式土堤。

堤防工程的形式应根据因地制宜、就地取材的原则，结合堤段所在的地理位置、重要程度、堤址地质、筑堤材料、水流及风浪特性、施工条件、运行和管理要求、环境景观、工程造价等技术经济比较来综合确定。如土石堤与混凝土堤相比，边坡较缓、占用面积空间大，防渗防冲及抗御超额洪水与漫顶的能力弱，需合理和科学设计。混凝土堤则坚固耐冲，但对软基适应性差、造价高。

我国堤防根据所处的地理位置和堤内地形切割情况，堤基水文地质结构特征按透水层的情况分为透水层封闭模式和渗透模式两大类。堤防施工主要包括堤料选择、堤基（清理）施工、堤身填筑（防渗）等内容。

三、堤防主体工程

（一）堤身

（1）堤顶宽度应满足施工、运行管理、防汛抢险等需要。（2）堤防帮宽的位置应符合下列规定：1）堤防设计高程处的宽度不足值小于1m的不再进行帮宽；2）临河堤坡陡于1：3或帮宽宽度大于3m的平工段帮临河；3）堤防已淤背或有后戗的帮背河；4）遇有转弯段等堤段，应根据实际情况确定帮临河或背河。（3）堤顶高程、宽度应保持设计标准，高程误差不大于±5cm，宽度误差不大于±10cm。堤肩线线直弧圆，平顺规整，无明显凸凹，5m长度范围内凸凹不大于5cm。（4）临、背河边坡应为1：3，并应保持设计坡度。1）坡面平顺，沿断面10m范围内，凸凹小于5cm；2）堤脚处地面平坦，堤脚线平顺规整，10m长度范围内凸凹不大于10cm。

（二）淤区

（1）淤区盖顶高程。（2）淤区宽度原则为100m（含包边），移民迁占确有困难的堤段其淤区宽度不小于80m。（3）包边水平宽度1.0m，外边坡1：3，坡面植树或植草防护。（4）淤区顶部应设置围堤、格堤。（5）淤区顶部平整，两格堤范围内顶部高差不大于30cm，并种植适生林。（6）淤区边坡应保持设计坡度，坡面平顺，坡脚线清晰，沿坡横断面10m范围内，凸凹小于20m。（7）淤区应在坡脚外划定护堤地，并种植防护林。

（三）戗台

（1）戗台外沿修筑边境，顶宽、高度均为0.3m，外边坡1：3，内边坡戗台每隔100m设置一格堤，顶宽、高度均为0.3m，边坡1：1。（2）戗台高度、顶宽、边坡应保持设计标准，顶面平整，10m长度范围内高差不大于5cm。（3）戗台顶部应种植树木防护，树木株行距根据树种确定。

第二节　堤防级别

防洪标准是指防洪设施应具备的防洪（或防潮）能力，一般情况下，当实际发生的洪水小于防洪标准洪水时，通过防洪系统的合理运用，实现防洪对象的防洪安全。

由于历史最大洪水会被新的更大的洪水所超过，所以任何防洪工程都只能具有一定的防洪能力和相对的安全度。堤防工程建设根据保护对象的重要性，选择适当的防洪标准，若防洪标准高，则工程能防御特大洪水，相应耗资巨大，虽然在发生特大洪水时减灾效益很大，但毕竟特大洪水发生的概率很小，甚至在工程寿命期内不会出现，造成资金积压，长期不能产生效益，而且还可能因增加维修管理费而造成更大的浪费；若防洪标准低，则所需的防洪设施工程量小，投资少，但防洪能力弱，安全度低，工程失事的可能性就大。

一、堤防工程防洪标准和级别

堤防工程本身没有特殊的防洪要求，其防洪标准和级别划分依赖于防护对象的要求，是根据防护对象的重要性和防护区范围大小而确定的。堤防工程防洪标准，通常以洪水的重现期或出现频率表示。

二、堤防工程设计洪水标准

依照防洪标准所确定的设计洪水，是堤防工程设计的首要资料。目前设计洪水标准的表达方法，以采用洪水重现期或出现频率较为普遍。例如，上海市新建的黄浦江防汛（洪）墙采用千年一遇的洪水作为设计洪水标准。作为参考比较，还可从调查、实测某次大洪水作为设计洪水标准。

因为堤防工程为单纯的挡水构筑物，运用条件单一，在发生超设计标准的洪水时，除临时防汛抢险外，还运用其他工程措施为配合，所以可只采用一个设计标准，不用校核标准。

确定堤防工程的防洪标准与设计洪水时，还应考虑到有关防洪体系的作用，例如江河、湖泊的堤防工程，由于上游修筑水库或开辟分洪区、滞洪区、分洪道等，堤防工程的防洪标准和设计洪水标准就提高了。

三、堤防级别、防洪标准与防护对象

对于堤防工程本身来说，并没有特殊的防洪要求，只是其级别划分和设计标准依赖于防护对象的要求，堤防工程的设计管理和对其安全也就有不同的相应要求（表3-1）。

表3-1 堤防工程的级别

防洪标准/年	≥100	100~50	50~30	30~20	20~10
堤防工程的级别	1	2	3	4	5

堤防工程的设计应以所在河流、湖泊、海岸带的综合规划或防洪、防潮专业规划为依据。城市堤防工程的设计，还应以城市总体规划为依据。堤防工程的设计，应具备可靠的气象水文、地形地貌、水系水域、地质及社会经济等基本资料；堤防加固、扩建设计，还应具备堤防工程现状及运用情况等资料。堤防工程设计应满足稳定、渗流、变形等方面要求。堤防工程设计，应贯彻因地制宜、就地取材的原则，积极慎重地采用新技术、新工艺、新材料。位于地震烈度7度及其以上地区的1级堤防工程，经主管部门批准，应进行抗震设计。堤防工程设计除符合本规范外，还应符合国家现行有关标准的规定。

对于遭受洪灾或失事后损失巨大、影响十分严重的堤防工程，其级别可适当提高；遭受洪灾或失事后损失及影响较小或使用期限较短的临时堤防工程，其级别可适当降低。

对于海堤的乡村防护区，当人口密集、乡镇企业较发达、农作物高产或水产养殖产值较高时，其防洪标准可适当提高；海堤的级别亦相应提高。蓄、滞洪区堤防工程的防洪标准，应根据批准的流域防洪规划或区域防洪规划的要求专门确定。堤防工程上的闸、涵、泵站等建筑物及其他构筑物的设计防洪标准，不应低于堤防工程的防洪标准，并应留有适当的安全裕度。

堤防工程级别和防洪标准，都是根据防护对象的重要性和防护区范围大小而确定的。堤防工程的防洪标准应根据防护区内防护标准较高防护对象的防护标准确定，但是，防护对象有时是多样的，所以不同类型的防护对象，会在防洪标准和堤防级别的认识上有一定的差别。

对于以下防护对象，其防洪标准应按下列的规定确定：①当防护区内有两种以上的防护对象，又不能分别进行防护时，该防护区的防洪标准，应按防护区和主要防护对象两者要求的防洪标准中较高者确定；②对于影响公共防洪安全的防护对象，应按自身和公共防洪安全两者要求的防洪标准中较高者确定；③兼有防洪作用的路基、围墙等建筑物、构筑物，其防洪标准应按防护区和该建筑物、构筑物的防洪标准中较高者确定。

对于以下的防护对象，经论证，其防洪标准可适当提高或降低：①遭受洪灾或失事后损失巨大、影响十分严重的防护对象，可采用高于国家标准规定的防洪标准；②遭受洪灾或失事后损失及影响均较小或使用期限较短及临时性的防护对象，可采用低于国家标准规定的防洪标准；③采用高于或低于国家标准规定的防洪标准时，不影响公共防洪安全的，应报行业主管部门批准；影响公共防洪安全的，尚应同时报水行政主管部门批准。

四、主要江河流域的防洪规划

（一）科学安排洪水出路

七大流域防洪规划以科学发展观为指导，在认真总结大江大河治理经验和教训的基础上，坚持以人为本、人与自然和谐相处的理念，根据经济社会科学发展、和谐发展和可持续发展的要求，确定了我国主要江河防洪区，制定了主要江河流域防洪减灾的总体战略、目标及其布局，科学安排洪水出路，在保证防洪安全前提下突出洪水资源利用，重视洪水管理和风险分析，统筹了防洪减灾与水资源综合利用、生态与环境保护的关系，着力保障国家及地区的防洪安全，促进经济社会可持续发展。

（二）明确防洪减灾总体目标

规划提出，全国防洪减灾工作的总体目标是：逐步建立和完善符合各流域水情特点并与经济社会发展相适应的防洪减灾体系，提高抗御洪水和规避洪水风险的能力，保障人民生命财产安全，基本保障主要江河重点防洪保护区的防洪安全，把洪涝灾害损失降低于最低程度。在主要江河发生常遇洪水或较大洪水时，基本保障国家的经济活动和社会生活安全；在遭遇特大洪水或超标准洪水时，国家经济活动和社会生活不致发生大的动荡，生态与环境不会遭到严重破坏，经济社会可持续发展进程不会受到重大干扰。具体体现为：①全社会具有较强的防灾减灾意识，规范化的经济社会活动的行为准则，建立较为完善的防洪减灾体系、社会保障体系和有效的灾后重建机制；②主要江河流域和区域按照防洪规划的要求，建成标准协调、质量达标、运行有效、管理规范，并与经济社会发展水平相适应的防洪工程体系，各类防洪设施具有规范的运行管理制度，当遇到防御目标洪水时，能保障正常的经济活动和社会生活的安全；③建立法制完备、体制健全、机制创新、行为规范的洪水管理制度和监督机制，规范和调节各类水事行为，为全面提升管理能力与水平提供强有力的体制和制度保障；④对超标准洪水有切实可行的防御预案，确保国家正常的经济活动和社会生活不致受到重大干扰；⑤通过防洪减灾综合措施，大幅度减少因洪涝灾害造成的人员直接死亡，洪涝灾害直接经济损失占 GDP 的比例与先进国家水平基本持平。

（三）进一步提高大江大河防洪标准

七大流域防洪规划的实施，将进一步提高我国大江大河的防洪标准，完善城市防洪体系，对保障国家粮食安全和流域人民群众生命财产安全、促进经济社会又好又快发展、构建社会主义和谐社会具有十分重要的意义。

第三节　堤防设计

一、工程管护范围

（一）工程管理范围划分

1.工程主体建筑物

堤身、堤内外戗台、淤区、险工、控导（护滩）、高岸防护等工程建筑物。

2.穿、跨堤交叉建筑物

各类穿堤水闸和管线的覆盖范围及保护用地等，其中水闸工程应包括上游引水渠、闸室、下游消能防冲工程和两岸联接建筑物等。

3.附属工程设施

包括观测、交通、通信设施、标志标牌、排水沟及其他维修管理设施。

4.管理单位生产、生活区建筑或设施

包拖动力配电房、机修车间、设备材料仓库、办公室、宿舍、食堂及文化娱乐设施等。

5.工程管护范围

包括堤防工程护堤地、河道整治工程护坝地及水闸工程的保护用地等，应按照有关法规、规范依法划定，在工程新建、续建、加固时征购。

（二）工程安全保护范围

与工程管护范围相连的地域，应依据有关法规划定一定的区域，作为工程安全保护范围，在工程新建、续建、加固等设计时，应在设计时依法划定。

堤顶和堤防临、背坡采用集中排水和分散排水两种方案，主要要求如下：设置横向排水沟的堤防可在堤肩两侧设置挡水小坝或其他排水设施集中排汇堤顶雨水，小埝顶宽0.2m、高0.15m，内边坡为1:1，外边坡为1:3。临、背侧堤坡每隔100m左右设置1条横向排水沟，临、背侧交错布置，并与纵向排水沟、淤区排水沟连通。

堤坡、堤肩排水设施采用混凝土或浆砌石结构，尺寸根据汇流面积、降雨情况计算确定。

堤坡不设排水沟的堤防应在堤肩两侧各植0.5m宽的草皮带。

堤防管理范围内应建设生物防护工程，包括防浪林带、护堤林带、适生林带及草皮护坡等，应按照临河防浪、背河取材、乔灌结合的原则，合理种植，主要要求如下：沿堤顶两侧栽植1行行道林，株距2m。应在堤防非险工河段的临河侧种植防浪林带，背河侧种植护堤林带。

对于临河侧防浪林带，外侧种植灌木，近堤侧种植乔木，种植宽度各占一半（株、行距，乔木采用2m，灌木采用1m）；对于种植区存在坑塘、常年积水的情况，应有计划的消除坑塘，待坑塘消除后补植。

背河侧护堤林带种植乔木，株、行距均采用2m。淤区顶部本着保持工程完整和提供防汛抢险料源的原则种植适生林带。堤防边坡、戗坡种植草皮防护，墩距为20cm左右，梅花形种植；禁止种植树木和条类植物。具有生态景观功能要求的城区堤段，堤防设计宜结合黄河生态景观的建设要求进行绿化美化。

为满足防汛抢险和工程管理需要，应按照《黄河备防土（石）料储备定额》和有利于改善堤容堤貌的原则，在合适部位储备土（石）料，主要要求如下：标准化堤防的备防土料应平行于大堤集中存放在淤区，间距500~1000m，宽度5~8m，高度比堤顶低1m，四周边坡1:1。备防石料应在险工坝顶或淤区集中放置，每垛备防石高度为1.2m，数匡以10的倍数为准。

淤区顶部排水设施由围堤、格堤和排水沟组成，主要要求如下：应在淤区顶部的外边缘修筑纵向围堤，每间隔100m修一条横向格堤。围堤顶宽1.0m，高度0.5m，外坡1:3，内坡格堤顶宽1.0m，高度0.5m，内、外坡均为1:1。应在淤区顶部与背河堤坡接合部修一条纵向排水沟，并与堤坡横向排水沟连通，直通淤区坡脚；若堤坡采用散排水，淤区纵、横排水沟需相互连通，排水至淤区坡脚。

工程管护基地宜修建在堤防背河侧，按每公里120m²标准集中进行建设。

应按照减少堤身土体流失和易于防汛抢险的原则建设堤顶道路和上堤辅道，主要要求如下：未硬化的堤顶采用粘性土盖顶；堤顶硬化路面有碎石路面、柏油路面和水泥路面三种。临黄大堤堤顶一般采用柏油路面硬化，路面结构参照国家三级公路标准设计；其他设防大堤堤顶道路宜按照砂石路面处理。沿堤线每隔8~10km应硬化不少于1条的上堤辅道，并尽量与地方公路网相连接；上堤辅道不应削弱堤身设计断面和堤肩，坡度宜按7%~8%控制。

应在堤防合理位置埋设千米桩、边界桩和界碑等标志，主要要求如下：应从起点到终点，依序进行计程编码，在背河堤肩埋设千米桩。沿堤防护堤地或防浪林带边界埋设边界桩，边界桩以县局为单位从起点到终点依序进行编码，直线段每200m埋设1

根，弯曲段适当加密。沿堤省、地（市）、县（市、区）等行政区的交界处，应统一设置界碑。沿堤线主要上堤辅道与大堤交叉处应设置禁行路杆，禁止雨、雪天气行车，并设立超吨位（3吨以上）车辆禁行警示牌。通往控导、护滩（岸）工程及沿黄乡镇的道口应设置路标。大型跨（穿）堤建筑物上、下游100m处应分别设置警示牌。

二、设计洪水位的确定

设计洪水位是指堤防工程设计防洪水位或历史上防御过的最高洪水位，是设计堤顶高程的计算依据。接近或达到该水位，防汛进入全面紧急状态，堤防工程临水时间已长，堤身土体可能达饱和状态，随时都有可能出现重大险情。这时要密切巡查，全力以赴，保护堤防工程安全，并根据"有限保证，无限责任"的原则，对于可能超过设计洪水位的抢护工作也要做好积极准备。

三、堤顶高程的确定

当设计洪峰流量及洪水位确定之后，就可以据此设计堤距和堤顶高程。

堤距与堤顶高程是相互联系的。同一设计流量下，如果堤距窄，则被保护的土地面积大，但堤顶高，筑堤土方量大，投资多，且河槽水流集中，可能发生强烈冲刷，汛期防守困难；如果堤距宽，则堤身矮，筑堤土方量小，投资少，汛期易于防守，但河道水流不集中，河槽有可能发生淤积，同时放弃耕地面积大，经济损失大。因此，堤距与堤顶高程的选择存在着经济、技术最佳组合问题。

（一）堤距

堤距与洪水位关系可用水力学中推算非均匀流水面线的方法确定，也可按均匀流计算得到设计洪峰流量下堤距与洪水位的关系。堤距的确定，需按照堤线选择原则，并从当地的实际情况出发，考虑上下游的要求，进行综合考虑。除进行投资与效益比较外，还要考虑河床演变及泥沙淤积等因素。例如，黄河下游大堤堤距最大达15～23km，远远超出计算所需堤距，其原因不只是容、泄洪水，还有滞洪滞沙的作用。最后，选定各计算断面的堤距作为推算水面线的初步依据。

（二）堤顶高程

堤顶高程应按设计洪水位或设计高潮位加堤顶超高确定。

堤顶超高应考虑波浪爬高、风壅增水、安全加高等因素。为了防止风浪漫越堤顶，需加上波浪爬高，此外还需加上安全超高，堤顶超高按下式计算确定。1、2级堤防工程的堤顶超高值不应小于2.0m。

$$Y = R + E + A$$

式中：Y——堤顶超高，m；

R——设计波浪爬高，m；

E——设计风壅增水高度，m；

A——安全加高，m，按表3-2确定。

表 3-2 堤防工程的安全加高值

堤防工程的级别		1	2	3	4	5
安全加高值（m）	不允许越浪的堤防工程	1.0	0.8	0.7	0.6	0.5
	允许越浪的堤防工程	0.5	0.4	0.4	0.3	0.3

波浪爬高与地区风速、风向、堤外水面宽度和水深，以及堤外有无阻浪的建筑物、树林、大片的芦苇、堤坡的坡度与护面材料等因素都有关系。

四、堤身断面尺寸

堤身横断面一般为梯形，其顶宽和内外边坡的确定，往往是根据经验或参照已建的类似堤防工程，首先初步拟定断面尺寸，然后对重点堤段进行渗流计算和稳定校核，使堤身有足够的质量和边坡，以抵抗横向水压力，并在渗水达到饱和后不发生坍滑。

堤防宽度的确定，应考虑洪水的渗径和汛期抢险交通运输以及防汛备用器材堆放的需要。汛期高水位，若堤身过窄，渗径短，渗透流速大，渗水容易从大堤背水坡腰逸出，发生险情。对此，须按土坝渗流稳定分析方法计算大堤浸润线位置检验堤身断面。我国主要江河堤顶宽度：荆江大堤为 8～12m，长江其他干堤 7～8m，黄河下游大堤宽度一般为 12m（左岸贯孟堤、太行堤上段、利津南宋至四段、右岸东平湖 8 段临黄山口隔堤和星利南展上界至二十一户为 10m）。为便于排水，堤顶中间稍高于两侧（俗称花鼓顶），倾斜坡度 3%～5%。

边坡设计应视筑堤土质、水位涨落强度和洪水持续历时、风浪、渗透情况等因素而定。一般是临水坡较背水坡陡一些。在实际工程中，常根据经验确定。如果采用壤土或沙壤土筑堤，且洪水持续时间不太长，当堤高不超过 5m 时，堤防临水坡和背水坡边坡系数可采用 2.5～3.0；当堤高超过 5m 时，边坡应更平缓些。例如荆江大堤，临水坡边坡系数为 2.5～3.0，背水坡为 3.0～6.3，黄河下游大堤标准化堤防工程建成后临水坡和背水坡边坡系数均为 3.0。若堤身较高，为增加其稳定性和防止渗漏，常在背水坡下部加筑戗台或压浸台，也可将背水坡修成变坡形式。

五、渗流计算与渗控措施设计

一般土质堤防工程，在靠水、着溜时间较长时，均存在渗流问题。同时，平原地区的堤防工程，堤基表层多为透水性较弱的粘土或沙壤土，而下层则为透水性较强的砂层、砂砾石层。当汛期堤外水位较高时，堤基透水层内出现水力坡降，形成向堤防工程背河的渗流。在一定条件下，该渗流会在堤防工程背河表土层非均质的地方突然涌出，形成翻沙鼓水，引起堤防工程险情，甚至出现决口。因此，在堤防工程设计中，必须进行渗流稳定分析计算和相应的渗控措施设计。

（一）渗流计算

水流由堤防工程临河慢慢渗入堤身，沿堤的横断面方向连接其所行经路线的最高点形成的曲线，称为浸润线。渗流计算的主要内容包括确定堤身内浸润线的位置、渗透比降、渗透流速以及形成稳定浸润线的最短因时等。

（二）渗透变形的基本形式

堤身及堤基在渗流作用下，土体产生的局部破坏，称为渗透变形。渗透变形的形式及其发展过程，与土料的性质及水流条件、防渗排渗等因素有关，一般可归纳为管涌、流土、接触冲刷、接触流土或接触管涌等类型。管涌为非粘性土中，填充在土层中的细颗粒被渗透水流移动和带出，形成渗流通道的现象；流土为局部范围内成块的土体被渗流水掀起浮动的现象；接触冲刷为渗流沿不同材料或土层接触面流动时引起的冲刷现象；当渗流方向垂直于不同土壤的接触面时，可能把其中一层中的细颗粒带到另一层由较粗颗粒组成的土层孔隙中的管涌现象，称为接触管涌。如果接触管涌继续发展，形成成块土体移动，甚至形成剥蚀区时，便形成接触流土。接触流土和接触管涌变形，常出现在选料不当的反滤层接触面上。渗透变形是汛期堤防工程常见的严重险情。

一般认为，粘性土不会产生管涌变形和破坏，沙土和砂砾石，其渗透变形形式与颗粒级配有关。

（三）产生管涌与流土的临界坡降

使土体开始产生渗透变形的水力坡降为临界坡降。当有较多的土料开始移动时，产生渗流通道或较大范围破坏的水力坡降，称为破坏坡降。临界坡降可用试验方法或计算方法加以确定。

为了防止堤基不均匀性等因素造成的渗透破坏现象，防止内部管涌及接触冲刷，容许水力坡降可参考建议值（见表3-3）选定。如果在渗流出口处做有滤渗保护措施，表3-3中所列允许渗透坡降可以适当提高。

表3-3 控制堤基土渗透破坏的容许水力坡降

基础表层土名称	堤坝等级			
	I	II	III	IV
一、板桩形式的地下轮廓				
1.密实粘土	0.50	0.55	0.60	0.65
2.粗砂、砾石	0.30	0.33	0.36	0.39
3.壤土	0.25	0.28	0.30	0.33
4.中砂	0.20	0.22	0.24	0.26
5.细砂	0.15	0.17	0.18	0.20
二、其他形式的地下轮廓				
1.密实粘土	0.40	0.44	0.48	0.52
2.粗砂、砾石	0.25	0.28	0.30	0.33
3.壤土	0.20	0.22	0.24	0.26
4.中砂	0.15	0.17	0.18	0.20
5.细砂	0.12	0.13	0.14	0.16

（四）渗控措施设计

堤防工程渗透变形产生管漏涌沙，往往是引起堤身蛰陷溃决的致命伤。为此，必须采取措施，降低渗透坡降或增加渗流出口处土体的抗渗透变形能力。目前工程中常用的方法，除在堤防工程施工中选择合适的土料和严格控制施工质量外，主要采用"外截内导"的方法治理。

1. 临河面不透水铺盖

在堤防工程临水面堤脚外滩地上，修筑连续的粘土铺盖，以增加渗径长度，减小渗流的水力坡降和渗透流速，是目前工程中经常使用的一种防渗技术。铺盖的防渗效果，取决于所用土料的不透水性及其厚度。根据经验，铺盖宽度约为临河水深的15～20倍，厚度视土料的透水性和干容重而定，一般不小于1.0m。

2. 堤背防渗盖重

当背河堤基透水层的扬压力大于其上部不（弱）透水层的有效压重时，为防止发生渗透破坏，可采取填土加压，增加覆盖层厚度的办法来抵抗向上的渗透压力，并增加渗径长度，消除产生管涌、流土险情的条件。盖重的厚度和宽度，可依盖重末端的扬压力降至允许值的要求设计。近些年来，在黄河和长江一些重要堤段，采用堤背放淤或吹填办法增加盖重，同时起到了加固堤防和改良农田的作用。

3. 堤背脚滤水设施

对于洪水持续时间较长的堤防工程，堤背脚渗流出逸坡降达不到安全容许坡降的要求时，可在渗水逸出处修筑滤水戗台或反滤层、导渗沟、减压井等工程。

滤水戗台通常由砂、砾石滤料和集水系统构成，修筑在堤背后的表层土上，增加了堤底宽度，并使堤坡渗出的清水在戗台汇集排出。反滤层设置在堤背面下方和堤脚下，其通过拦截堤身和从透水性底层土中渗出的水流挟带的泥沙，防止堤脚土层侵蚀，保证堤坡稳定。堤背后导渗沟的作用与反滤层相同。当透水地基深厚或为层状的透水地基时，可在堤坡脚处修建减压井，为渗流提供出路，减小渗压，防止管涌发生。

第四节　堤基施工

一、堤基清理

（1）在进行坝基清理前，监理工程师根据设计文件、图纸要求、技术规范指标、堤基情况等，审查施工单位提交的基础处理方案。（2）对于施工单位进行的堤基开挖或处理过程中的详细记录，监理工程师均应按照有关规定审核签字。（3）堤基清理范围包括堤身、铺盖和压载的基面。堤基清理边线应比设计基面边线宽出300～500mm。老堤加高培厚，其清理范围包括堤顶和堤坡。（4）堤基清理时，应将堤基范围内表层的砖石、淤泥、腐殖土、杂填土、泥炭、杂草、树根以及其他杂物等清除干净，并应按指定的位置堆放。（5）堤基清理完毕后，应在第一层土料填筑前，将堤基内的井窖、树坑、坑塘等按堤身要求进行分层回填、平整、压实处理，压实后土体干密度应符合设计要求。（6）堤基处理完毕后应立即报监理工程师，由业主、设计、监理和监督等部门共同验收，分部工程检测的数量按堤基处理面积的平均数每200m²为一个计算单元，并做好记录和共同签字认可，方能进行堤身的填筑。（7）如果堤基的地质比较复杂、施工难度较大或无相关规范可遵循时，应进行必要的技术论证，然后通过现场试验取得有关技术参数并经监理工程师批准。（8）堤基处理后要避免产生冻结，当堤基出现冻结，有明显夹层和冻胀现象时，未经处理不得在堤基上进行施工。（9）基坑积水应及时将其排除，对泉眼应在分析其成因和对堤防的影响后，予以封堵或引导。在开挖较深的堤基时，应时刻注意防止滑坡。

二、清理方法

（1）堤基表层的不合格土、杂物等必须彻底清除，堤基范围内的坑槽、沟等，应按堤身填筑要求进行回填处理。（2）堤基内的井窖、墓穴、树根、腐烂木料、动物巢穴等是最易塌陷的地方，必须按照堤身填筑要求回填，并进行重点认真质量检验。（3）对于新旧堤身的结合部位清理、接槎、刨光和压实，应符合相应要求。（4）基面清理平整后，应及时要求施工单位报验。基面验收合格后应抓紧堤身的施工，若不能立即施工，应通知施工单位做好基面保护工作，并在复工前再报监理检验，必要时应当重新清理。（5）堤基清理单元工程的质量检查项目与标准，主要有以下几个方面：基面清理标准，堤基表层不合格土、杂物等全部清除；一般堤基清理，堤基上的坑塘、洞穴均按要求处理；堤基平整压实，表面无显著凸凹，无松土和弹簧土。

三、软弱堤基处理

（1）浅埋的薄层采用挖除软弱层换填砂、土时，应按设计要求用中粗砂或砂砾，铺填后及时予以压实。厚度较大难以挖除或挖除不经济时，可采用铺垫透水材料加速排水和扩散应力、在堤脚外设置压载、打排水井或塑料排水带、放缓堤坡、控制加荷速率等方法处理。（2）流塑态淤质软粘土地基上采用堤身自重挤淤法施工时，应放缓堤坡、减慢堤身填筑速度、分期加高，直至堤基流塑变形与堤身沉降平衡、稳定。（3）软塑态淤质软粘土地基上在堤身两侧坡脚外设置压载体处理时，压载体应与堤身同步、分级、分期加载，保持施工中的堤基与堤身受力平衡。（4）抛石挤淤应使用块径不小于30cm的坚硬石块，当抛石露出土面或水面时，改用较小石块填平压实，再在上面铺设反滤层并填筑堤身。（5）修筑重要堤防时，可采用振冲法或搅拌桩等方法加固堤基。

四、透水堤基处理

（1）浅层透水堤基宜采用粘性土截水槽或其他垂直防渗措施截渗。粘性土截水槽施工时，宜采用明沟排水或井点抽排，回填粘性土应在无水基底上，并按设计要求施工。（2）深厚透水堤基上的重要堤段，可设置粘土、土工膜、固化灰浆、混凝土、塑性混凝土、沥青混凝土等地下截渗墙。（3）用粘性土做铺盖或用土工合成材料进行防渗，应按相关规定施工。铺盖分片施工时，应加强接缝处的碾压和检验。（4）采用槽形孔浇筑混凝土或高压喷射连续防渗墙等方法对透水堤基进行防渗处理时，应符合防渗墙施工的规定。（5）砂性堤基采用振冲法处理时，应符合相关标准的规定。

五、多层堤基处理

（1）多层堤基如无渗流稳定安全问题，施工时仅需将经清基的表层土夯实后即可填筑堤身。（2）盖重压渗、排水减压沟及减压井等措施词单独使用，也可结合使用。表层弱透水覆盖层较薄的堤基如下卧的透水层均匀且厚度足够时，宜采用排水减压沟，其平面位置宜靠近堤防背水侧坡脚–排水减压沟可采用明沟或暗沟。暗沟可采用砂石、土工织物、开孔管等。（3）堤基下有承压水的相对隔水层，施工时应保留设计要求厚度的相对隔水层。（4）堤基面层为软弱或透水层时，应按软弱堤基施工、透水堤基施工处理。

六、岩石堤基处理

（1）强风化岩层堤基，除按设计要求清除松动岩石外，筑砌石堤或混凝土堤时基面应铺层厚大于30mm的水泥砂浆；筑土堤时基面应涂层厚为3mm的粘土浆，然后进行堤身填筑。（2）裂缝或裂隙比较密集的基岩，可采用水泥固结灌浆或帷幕灌浆进行处理。

第五节　堤身施工

一、土坝填筑与碾压施工作业

（一）影响因素

土料压实的程度主要取决于机具能量、碾压遍数、铺土的厚度和土料的含水员等。

土料是由土料、水和空气三相体所组成。通常固相的土粒和液相的水是不会被压缩的。土料压实就是将被水包围的细土颗粒挤压填充到粗土粒间孔隙中去，从而排走空气，使土料的空隙率减小，密实度提高。一般来说，碾压遍数越多，则土料越紧实。当碾压到接近土料极限密度时，再进行碾压起的作用就不明显了。

在同一碾压条件下，土的含水量对碾压质量有直接的影响。当土具有一定含水量时，水的润滑作用使土颗粒间的摩擦阻力减小，从而使土易于密实。但当含水量超过某一限度时，土中的孔隙全由水来填充而呈饱和状态，反而使土难以压实。

（二）压实机具及其选择

在碾压式的小型土坝施工中，常用的碾压机具有平碾、肋条碾，也有用重型履带式拖拉机作为碾压机具使用的。碾压机具主要靠沿土面滚动时碾本身的自重，在短时间内对土体产生静荷重作用，使土粒互相移动而达到密实。

根据压实作用力来划分，通常有碾压、夯击、振动压实三种机具。随着工程机械的发展，又有振动和碾压同时作用的振动碾，产生振动和夯击作用的振动夯等。常用的压实机具有以下几种。

1. 平碾及肋条碾

平碾的滚筒可用钢板卷制而成，滚筒一端有小孔，从小孔中可加入铁粒等，以增加其重量。平碾的滚筒也可用石料或混凝土制成。一般平碾的质量（包括填料重）为 5~12t，沿滚筒宽度的单宽压力为 200~500N/cm，铺土厚度一般不超过 20~25cm。

肋条碾可就地用钢筋混凝土制作，它与平碾不同之处在于作用地土层上的单位压力比平碾大，压实效果较好，可减少土层的光面现象。

羊脚碾是用钢板制成滚筒，表面上镶有钢制的短柱，形似羊脚，筒端开有小孔，可以加入填料，以调节碾重。羊脚碾工作时，羊脚插入铺土层后，使土料受到挤压及揉搓的联合作用而压实。羊脚碾碾压粘性土的效果好，但不适宜于碾压非粘性土。

2. 振动碾

这是一种振动和碾压相结合的压实机械。它是由柴油机带动与机身相连的附有偏心块的轴旋转，迫使碾滚产生高频振动。振动功能以压力波的形式传到土体内。非粘性土料在振动作用下，土粒间的内摩擦力迅速降低，同时由于颗粒大小不均匀，质量有差异，导致惯性力存在差异，从而产生相对位移，使细颗粒填入粗颗粒间的空隙而达到密实。然而，粘性土颗粒间的粘结力是主要的，且土粒相对比较均匀，在振动作用下，不能取得像非粘性土那样的压实效果。

由于振动作用，振动碾的压实影响深度比一般碾压机械大 1~3 倍，可达 1m 以上。它的碾压面积比振动夯、振动器压实面积大，生产率很高。

3. 气胎碾

气胎碾有单轴和双轴之分。单轴的主要构造是由装载荷重的金属车箱和装在轴上的 4~6 个气胎组成。碾压时在金属车厢内加载，并同时将气胎充气至设计压力。为防止气胎损坏，停工时用千斤顶将金属厢支托起来，并把胎内的气放掉。

气胎碾在碾压土料时，气胎随土体的变形而变形。随着土体压实密度的增加，气胎的变形也相应增加，始终能保持较为均匀的压实效果。它与刚性碾比较，气胎不仅对土体的接触压力分布均匀而且作用时间长，压实效果好，压实土料厚度大，生产效率高。

气胎碾可根据压实土料的特性调整其内压力，使气胎对土体的压力始终保持在土料的极限强度内。通常气胎的内压力，对粘性土以 $(5~6) \times 10^5 Pa$、非粘性土以 $(2~4) \times 10^5 Pa$ 最好。平碾碾滚是刚性的，不能适应土体的变形，荷载过大就会使碾滚的接触应力超过土体的极限强度，这就限制了这类碾朝重型方向发展。气胎碾却不然，随着荷载的增加，气胎与土体的接触面增大，接触应力仍不致超过土体的极限强度。所以只要牵引力能满足要求，就不妨碍气胎碾朝重型高效方向发展。

4. 夯实机具

水利工程中常用的夯实机具有木夯、石破、蛤蟆夯（即蛙式打夯机）等。夯实机具夯实土层时，中击加压的作用时间短，单位压力大，但不如碾压机械压实均匀，一般用于狭窄的施工场地或碾压机具难以施工的部位。

夯板可以吊装在去掉土斗的挖掘机的臂杆上，借助卷扬机操纵绳索系统使夯板上升。夯击土料时将索具放松，使夯板自由下落，夯实土料，其压实铺土厚度可达 1m，生产效率较高。对于大颗粒填料可用夯板夯实，其破碎率比用碾压机械压实大得多。为了提高夯实效果，适应夯实土料特性，在夯击粘性土料或略受冰冻的土料时，还可将夯板装上羊脚，即成羊脚夯。

选择压实机具时，主要依据土石料性质（粘性或非粘性、颗粒级配、含水量等）、压实指标、工程量、施工强度、工作面大小以及施工强度等。在不超过土石料极限强度的条件下，宜选用较重型的压实机具，以获得较高的生产率和较好的压实效果。

二、堤身填筑与砌筑

（一）填筑作业要求

（1）地面起伏不平时按水平分层由低处开始逐层填筑，不得顺坡铺填。堤防横断面上的地面坡度陡于1:5时，应将地面坡度削至缓于1:5。（2）分段作业面的最小长度不应小于100m，人工施工时作业面段长可适当减短。相邻施工段作业面宜均衡上升，若段与段之间不可避免出现高差时，应以斜坡面相接。分段填筑应设立标志，上下层的分段接缝位置应错开。（3）在软土堤基上筑堤或采用较高含水量土料填筑堤身时，应严格控制施工速度，必要时在堤基、坡面设置沉降和位移观测点进行控制。如堤身两侧设计有压载平台时，堤身与压载平台应按设计断面同步分层填筑。（4）采用光面碾压实粘性土时，在新层铺料前应对压光层面做刨毛处理；在填筑层检验合格后因故未及时碾压或经过雨淋、暴晒使表面出现疏松层时，复工前应采取复压等措施进行处理。（5）施工中若发现局部"弹簧土"、层间光面、层间中空、松土层或剪切破坏等现象时应及时处理，并经检验合格后方准铺填新土。（6）施工中应协调好观测设备安装埋设和测量工作的实施；已埋设的观测设备和测量标志应保护完好。（7）对占压堤身断面的上堤临时坡道做补缺口处理时，应将已板结的老土刨松，并与新铺土一起按填筑要求分层压实。（8）堤身全断面填筑完成后，应做整坡压实及削坡处理，并对堤身两侧护堤地面的坑洼进行铺填和整平。（9）对老堤进行加高培厚处理时，必须清除结合部位的各种杂物，并将老堤坡挖成台阶状，再分层填筑。（10）粘性土填筑而在下雨时不宜行走践踏，不允许车辆通行。雨后恢复施工，填筑面应经晾晒、复压处理，必要时应对表层再次进行清理。（11）土堤不宜在负温下施工。如施工现场具备可靠保温措施，允许在气温不低于-10℃的情况下施工。施工时应取正温土料，土料压实时的气温必须在-1℃以上，装土、铺土、碾压、取样等工序快速连续作业。要求粘性土含水量不得大于塑限的90%，砂料含水缺不得大于4%，铺土厚度应比常规要求适当减薄，或采用重型机械碾压。

（二）铺料作业要求

（1）应按设计要求将土料铺至规定部位，严禁将砂（砾）料或其他透水料与粘性土料混杂，上堤土料中的杂质应予以清除；如设计无特别规定，铺筑应平行堤轴线顺次进行。（2）土料或砾质土可采用进占法或后退法卸料；砂砾料宜用后退法卸料；砂砾料或砾质土卸料如发生颗粒分离现象时，应采取措施将其拌和均匀。（3）铺料厚度和土块直径的限制尺寸，宜通过碾压试验确定。（4）铺料至堤边时，应比设计边线超填出一定余量：人工铺料宜为10cm，机械铺料宜为30cm。

（三）压实作业要求

施工前应先做现场碾压试验，验证碾压质量能否达到设计压实度值。若已有相似施工条件的碾压经验时，也可参考使用。

（1）碾压施工应符合下列规定：碾压机械行走方向应平行于堤轴线；分段、分片碾压时，相邻作业面的碾压搭接宽度：平行堤轴线方向的宽度不应小于0.5m；垂直堤轴线方向的宽度不应小于2m；拖拉机带碾或振动碾压实作业时，宜采用进退错距法，碾迹搭压宽度应大于10cm；铲运机兼作压实机械时，宜采用轨迹排压法，轨迹应搭压轮宽的1/3；机械碾压应控制行车速度，以不超过下列规定为宜：平碾为2km/h，振动碾为2km/h，铲运机为2挡。（2）机械碾压不到的部位，应辅以夯具夯实，夯实时应采用连环套打法，夯迹双向套压，夯压夯1/3，行压行1/3；分段、分片夯实时，夯迹搭压宽度应不小于1/3夯径。（3）砂砾料压实时，洒水量宜为填筑方量的20%～40%；中细砂压实的洒水量，宜按最优含水量控制；压实作业宜用履带式拖拉机带平碾、振动碾或气胎碾施工。（4）当已铺土料表面在压实前被晒干时，应采用铲除或洒水湿润等方法进行处理；雨前应将堤面做成中间稍高两侧微倾的状态并及时压实。（5）在土堤斜坡结合面上铺筑施工时，要控制好结合面土料的含水量，边刨毛、边铺土、边压实。进行垂直堤轴线的堤身接缝碾压时，须跨缝搭接碾压，其搭压宽度不小于2.0cm。

（四）堤身与建筑物接合部施工

土堤与刚性建筑物如涵闸、堤内埋管、混凝土防渗墙等相接时，施工应符合下列要求：（1）建筑物周边回填土方，宜在建筑物强度分别达到设计强度的50%～70%情况下施工。（2）填土前，应清除建筑物表面的乳皮、粉尘及油污等；对表面的外露铁件（如模板对销螺栓等）宜割除，必要时对铁件残余露头需用水泥砂浆覆盖保护。（3）填筑时，须先将建筑物表面湿润，边涂泥浆、边铺土、边夯实；涂浆高度应与铺土厚度一致，涂层厚宜为3～5mm，并应与下部涂层衔接；不允许泥浆干涸后再铺土和夯实。（4）制备泥浆应采用塑性指数>17的粘土，泥浆的浓度可用1∶2.5～1∶3.0（土水重量比）。（5）建筑物两侧填土，应保持均衡上升；贴边填筑宜用夯具夯实，铺土层厚度宜为15～20cm。

（五）土工合成材料填筑要求

工程中常用到土工合成材料，如编织型土工织物、土工网、土工格栅等，施工时按以下要求控制：（1）筋材铺放基面应平整，筋材垂直堤轴线方向铺展，长度按设计要求裁制。（2）筋材一般不宜有拼接缝。如筋材必须拼接时，应按不同情况区别对待：编织型筋材接头的搭接长度，不宜小于15cm，以细尼龙线双道缝合，并满足抗拉要求；土工网、土工格栅接头的搭接长度，不宜小于5cm（土工格栅至少搭接一个方格），并以细尼龙绳在连接处绑扎牢固。（3）铺放筋材不允许有褶皱，并尽量用人工拉紧，以U形钉定位于填筑土面上，填土时不得发生移动。填土前如发现筋材有破损、裂纹等质量问题，应及时修补或做更换处理。（4）筋材上面可按规定层厚铺土，但施工机械与筋材间的填土厚度不应小于15cm。（5）加筋土堤压实，宜用平碾或气胎碾，但在极软地基上筑加筋土堤时，开始填筑的二、三层宜用推土机或装载机铺土压实，当填筑层厚度大于0.6m后，方可按常规方法碾压。（6）加筋土堤施工时，最初二、三层填筑应遵照以下原则：在极软地基上作业时，宜先由堤脚两侧开始填筑，然后逐渐向堤中心扩展，在平面上呈"凹"字形向前推进；在一般地基上作业时，宜先从堤中心开始填筑，然后逐渐向两侧堤脚对称扩展，在平面上呈"凸"字形向前推进；随后逐层填筑时，可按常规方法进行。

第四章　水闸和渠系建筑物施工

第一节　水闸施工技术

一、水闸的组成及布置

水闸是一种低水头的水工建筑物，它具有挡水和泄水的双重作用，用以调节水位、控制流量。

（一）水闸的类型

水闸有不同的分类方法。既可按其承担的任务分类，也可按其结构形式、规模等分类。

1.按水闸承担的任务分类

水闸按其所承担的任务，可分为6种，如图4-1所示。

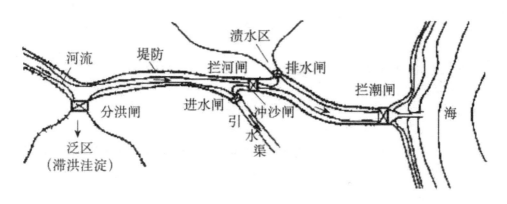

图4-1 水闸的类型及位置示意图

（1）拦河闸

建于河道或干流上，拦截河流。拦河闸控制河道下泄流量，又称为节制闸。枯水期拦截河道，抬高水位，以满足取水或航运的需要，洪水期则提闸泄洪，控制下泄流量。

（2）进水闸

建在河道，水库或湖泊的岸边，用来控制引水流量。这种水闸有开敞式及涵洞式两种，常建在渠首。进水闸又称取水闸或渠首闸。

（3）分洪闸

常建于河道的一侧，用以分泄天然河道不能容纳的多余洪水进入湖泊、洼地，以削减洪峰，确保下游安全。分洪闸的特点是泄水能力很大，而经常没有水的作用。

（4）排水闸

常建于江河沿岸，防江河洪水倒灌；河水退落时又可开闸排洪。排水闸双向均可能泄水，所以前后都可能承受水压力。

（5）挡潮闸

建在入海河口附近，涨潮时关闸防止海水倒灌，退潮时开闸泄水，具有双向挡水特点。

（6）冲沙闸

建在多泥沙河流上，用于排除进水闸、节制闸前或渠系中沉积的泥沙，减少引水水流的含沙量，防止渠道和闸前河道淤积。

2.按闸室结构形式分类

水闸按闸室结构形式可分为开敞式、胸墙式及涵洞式等，如图4-2所示。

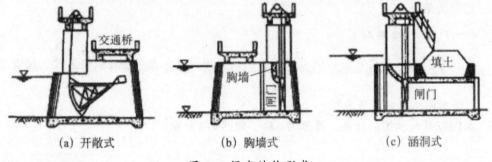

图4-2 闸室结构形式

（1）开敞式

过闸水流表面不受阻挡，泄流能力大。

（2）胸墙式

闸门上方设有胸墙，可以减少挡水时闸门上的力，增加挡水变幅。

（3）涵洞式

闸门后为有压或无压洞身，洞顶有填土覆盖。多用于小型水闸及穿堤取水情况。

3.按水闸规模分类

（1）大型水闸

泄流量大于 $1000 m^3/s$。

（2）中型水闸

泄流量为 $100 \sim 1000 m^3/s$。

（3）小型水闸

泄流量小于 $100 m^3/s$。

（二）水闸的组成

水闸一般由闸室段、上游连接段和下游连接段三部分组成。

1.闸室段

闸室是水闸的主体部分，其作用是：控制水位和流量，兼有防渗防冲作用。闸室段结构包括：闸门、闸墩、底板、胸墙、工作桥、交通桥、启闭机等。

闸门用来挡水和控制过闸流量。闸墩用来分隔闸孔和支承闸门、胸墙、工作桥、交通桥等。闸墩将闸门、胸墙以及闸墩本身挡水所承受的水压力传递给底板。胸墙设于工作闸门上部，帮助闸门挡水。

底板是闸室段的基础，它将闸室上部结构的重量及荷载传至地基。建在软基上的闸室主要由底板与地基间的摩擦力来维持稳定。底板还有防渗和防冲的作用。

工作桥和交通桥用来安装启闭设备、操作闸门和联系两岸交通。

2.上游连接段

上游连接段处于水流行进区，主要作用是引导水流从河道平稳地进入闸室，保护两岸及河床免遭冲刷，同时有防冲、防渗的作用。一般包括上游翼墙、铺盖、上游防冲槽和两岸护坡等。

上游翼墙的作用是导引水流，使之平顺地流入闸孔；抵御两岸填土压力，保护闸前河岸不受冲刷；并有侧向防渗的作用。

铺盖主要起防渗作用，其表面还应进行保护，以满足防冲要求。

上游两岸要适当进行护坡，其目的是保护河床两岸不受冲刷。

3.下游连接段

下游连接段的作用是消除过闸水流的剩余能量，引导出闸水流均匀扩散，调整流速分布和减缓流速，防止水流出闸后对下游的冲刷。

下游连接段包括护坦（消力池）、海漫、下游防冲槽、下游翼墙、两岸护坡等。下游翼墙和护坡的基本结构和作用同上游。

（三）水闸的防渗

水闸建成后，由于上、下游水位差，在闸基及边墩和翼墙的背水一侧产生渗流。渗流对建筑物的不利影响，主要表现为：降低闸室的抗滑稳定性及两岸翼墙和边墩的侧向稳定性；可能引起地基的渗透变形，严重的渗透变形会使地基受到破坏，甚至失事；损失水量；使地基内的可溶物质加速溶解。

1.地下轮廓线布置

地下轮廓线是指水闸上游铺盖和闸底板等不透水部分和地基的接触线。地下轮廓线的布置原则是："上防下排"，即在闸基靠近上游侧以防渗为主，采取水平防渗或垂直防渗措施，阻截渗水，消耗水头。在下游侧以排水为主，尽快排除渗水、降低渗压。

地下轮廓布置与地基土质有密切关系，分述如下。

（1）黏性土地基地下轮廓布置

黏性土壤具有凝聚力，不易产生管涌，但摩擦系数较小。因此，布置地下轮廓线，主要考虑降低渗透压力，以提高闸室稳定性。闸室上游宜设置水平钢筋混凝土或黏土铺盖，或土工膜防渗铺盖，闸室下游护坦底部应设滤层，下游排水可延伸到闸底板下，如图4-3所示。

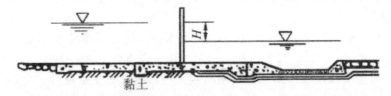

图4-3 黏性土地基的地下轮廓线布置

（2）沙性土地基地下轮廓布置

沙性土地基正好与黏性土地基相反，底板与地基之间摩擦系数较大，有利闸室稳定，但土壤颗粒之间无黏着力或黏着力很小，易产生管涌，故地下轮廓线布置的控制因素是如何防止渗透变形。

当地基砂层很厚时，一般采用铺盖加板桩的形式来延长渗径，以达到降低渗透坡降和渗透流速。板桩多设在底板上游一侧的齿墙下端。如设置一道板桩不能满足渗径要求时，可在铺盖前端增设一道短板桩，以加长渗径，如图4-4（a）所示。

当砂层较薄，其下部又有相对不透水层时，可用板桩切入不透水层，切入深度一般不应小于1.0m，如图4-4（b）所示。

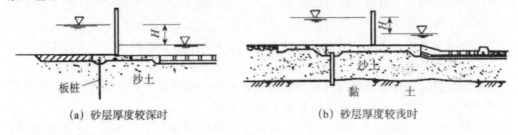

（a）砂层厚度较深时   （b）砂层厚度较浅时

图4-4 沙性地基上地下轮廓布置

2.防渗排水设施

防渗设施是指构成地下轮廓的铺盖、板桩及齿墙，而排水设施指铺设在护坦、浆砌石海漫底部或闸底板下游段起导渗作用的砂砾石层。排水常与反滤结合使用。

水闸的防渗有水平防渗和垂直防渗两种。水平防渗措施为铺盖，垂直防渗措施有板桩、灌浆帷幕、齿墙和混凝土防渗墙等。

（1）铺盖

铺盖有黏土和黏壤土铺盖、沥青混凝土铺盖、钢筋混凝土铺盖等。

1）黏土和黏壤土铺盖

铺盖与底板连接处为一薄弱部位，通常是在该处将铺盖加厚；将底板前端做成倾斜面，使黏土能借自重及其上的荷载与底板紧贴；在连接处铺设油毛毡等止水材料，一端用螺栓固定在斜面上，另一端埋入黏土中，为了防止铺盖在施工期遭受破坏和运行期间被水流冲刷，应在其表面铺砂层，然后在砂层上再铺设单层或双层块石护面。

2）沥青混凝土铺盖

沥青混凝土铺盖的厚度一般为5～10cm，在与闸室底板连接处应适当加厚，接缝多为搭接形式。为提高铺盖与底板间的粘结力，可在底板混凝土面先涂一层稀释的沥青乳胶，再涂一层较厚的纯沥青。沥青混凝土铺盖可以不分缝，但要分层浇筑和压实，各层的浇筑缝要错开。

3）钢筋混凝土铺盖

钢筋混凝土铺盖的厚度不宜小于0.4m，在与底板联接处应加厚至0.8～1.0m，并用沉降缝分开，缝中设止水。在顺水流和垂直水流流向均应设沉降缝，间距不宜超过15～20m，在接缝处局部加厚，并设止水。用作阻滑板的钢筋混凝土铺盖，在垂直水流流向仅有施工缝，不设沉降缝。

（2）板桩

板桩长度视地基透水层的厚度而定。当透水层较薄时，可用板桩截断，并插入不透水层至少1.0m；若不透水层埋藏很深，则板桩的深度一般采用0.6～1.0倍水头。用作板桩的材料有木材、钢筋混凝土及钢材三种。

板桩与闸室底板的连接形式有两种，一种是把板桩紧靠底板前缘，顶部嵌入黏土铺盖一定深度，见图4-5（a）；另一种是把板桩顶部嵌入底板底面特设的凹槽内，桩顶填塞可塑性较大的不透水材料，见图4-5（b）。前者适用于闸室沉降量较大、而板桩尖已插入坚实土层的情况；后者则适用于闸室沉降量小，而板桩桩尖未达到坚实土层的情况。

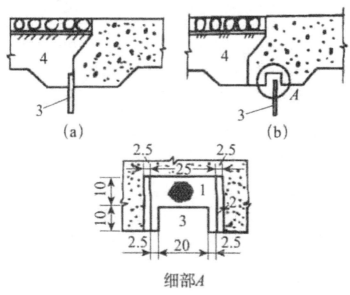

图4-5　板桩与底板的连接（单位：cm）
1—沥青；2—预制挡板；3—板桩；4—铺盖

（3）齿墙

闸底板的上、下游端一般均设有浅齿墙，用来增强闸室的抗滑稳定，并可延长渗径。齿墙深一般在1.0m左右。

（4）其他防渗设施

垂直防渗设施在我国有较大进展，就地浇筑混凝土防渗墙、灌注式水泥砂浆帷幕以及用高压旋喷法构筑防渗墙等方法已成功地用于水闸建设。

（5）排水及反滤层

排水一般采用粒径 1 ~ 2cm 的卵石、砾石或碎石平铺在护坦和浆砌石海漫的底部，或伸入底板下游齿墙稍前方，厚约 0.2 ~ 0.3m。在排水与地基接触处（即渗流出口附近）容易发生渗透变形，应做好反滤层。

（四）水闸的消能防冲设施与布置

水闸泄水时，部分势能转为动能，流速增大，而土质河床抗冲能力低，所以，闸下冲刷是一个普遍的现象。为了防止下泄水流对河床的有害冲刷，除了加强运行管理外，还必须采取必要的消能、防冲等工程措施。水闸的消能防冲设施有下列主要形式。

1.底流消能工

平原地区的水闸，由于水头低，下游水位变幅大，一般都采用底流式消能。消力池是水闸的主要消能区域。

底流消能工的作用是通过在闸下产生一定淹没度的水跃来保护水跃范围内的河床免遭冲刷。

当尾水深度不能满足要求时，可采取降低护坦高程；在护坦末端设消力坎；既降低护坦高程又建消力坎等措施形成消力池。有时还可在护坦上设消力墩等辅助消能工。

消力池布置在闸室之后，池底与闸室底板之间，用 1：3 ~ 1：4 的斜坡连接。为防止产生波状水跃，可在闸室之后留一水平段，并在其末端设置一道小槛；为防止产生折冲水流，还可在消力池前端设置散流墩。如果消力池深度不大（1.0m 左右），常把闸门后的闸室底板用 1：3 的坡度降至消力池底的高程，作为消力池的一部分。

消力池末端一般布置尾槛，用以调整流速分布，减小出池水流的底部流速，且可在槛后产生小横轴旋滚，防止在尾槛后发生冲刷，并有利于平面扩散和消减下游边侧回流。

在消力池中除尾坎外，有时还设有消力墩等辅助消能工，用以使水流受阻，给水流以反力，在墩后形成涡流，加强水跃中的紊流扩散，从而达到稳定水跃，减小和缩短消力池深度和长度的作用。

消力墩可设在消力池的前部或后部，但消能作用不同。消力墩可做成矩形或梯形，设两排或三排交错排列，墩顶应有足够的淹没水深，墩高约为跃后水深的 1/5 ~ 1/3。在出闸水流流速较高的情况下，宜采用设在后部的消力墩。

2.海漫

护坦后设置海漫等防冲加固设施，以使水流均匀扩散，并将流速分布逐步调整到接近天然河道的水流形态（如图 4-6 所示）。

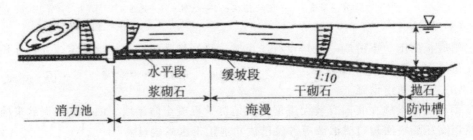

图 4-6 海漫布置及其流速分布示意图

一般在海漫起始段做 5~10m 长的水平段，其顶面高程可与护坦齐平或在消力池尾坎顶以下 0.5m 左右，水平段后做成不陡于 1∶10 的斜坡，以使水流均匀扩散，调整流速分布，保护河床不受冲刷。

对海漫的要求：表面有一定的粗糙度，以利于进一步消除余能；具有一定的透水性，以便使渗水自由排出，降低扬压力；具有一定的柔性，以适应下游河床可能的冲刷变形。

常用的海漫结构有以下几种：干砌石海漫、浆砌石海漫、混凝土板海漫、钢丝石笼海漫及其他形式海漫。

3.防冲槽及末端加固

为保证安全和节省工程量，常在海漫末端设置防冲槽、防冲墙或采用其他加固设施。

（1）防冲槽

在海漫末端预留足够的粒径大于 30cm 的石块，当水流冲刷河床，冲刷坑向预计的深度逐渐发展时，预留在海漫末端的石块将沿冲刷坑的斜坡陆续滚下，散铺在冲坑的上游斜坡上，自动形成护面，使冲刷不再向上扩展。

（2）防冲墙

防冲墙有齿墙、板桩、沉井等形式。齿墙的深度一般为 1~2m，适用于冲坑深度较小的工程。如果冲深较大，河床为粉、细砂时，则采用板桩、井柱或沉井。

4.翼墙与护坡

在与翼墙连接的一段河岸，由于水流流速较大和回流漩涡，需加做护坡。护坡在靠近翼墙处常做成浆砌石的，然后接以干砌石的，保护范围稍长于海漫，包括预计冲刷坑的侧坡。干砌石护坡每隔 6~10m 设置混凝土埂或浆砌石梗一道，其断面尺寸约为 30cm×60cm。在护坡的坡脚以及护坡与河岸土坡交接处应做一深 0.5m 的齿墙，以防回流淘刷和保护坡顶。护坡下面需要铺设厚度各为 10cm 的卵石及粗砂垫层。

（五）闸室的布置和构造

闸室由底板、闸墩、闸门、胸墙、交通桥及工作桥等组成。其布置应考虑分缝及止水。

1.底板

常用的闸室底板有水平底板和反拱底板两种类型。

对多孔水闸，为适应地基不均匀沉降和减小底板内的温度应力，需要沿水流方向用横缝（温度沉降缝）将闸室分成若干段，每个闸段可为单孔、两孔或三孔。

横缝设在闸墩中间，闸墩与底板连在一起的，称为整体式底板。整体式底板闸孔两侧闸墩之间不会出现过大的不均匀沉降，对闸门启闭有利，用得较多。整体式底板常用实心结构；当地基承载力较差，如只有 30~40kPa 时，则需考虑采用刚度大、重量轻的箱式底板。

在坚硬、紧密或中等坚硬、紧密的地基上，单孔底板上设双缝，将底板与闸墩分开的，称为分离式底板。分离式底板闸室上部结构的重量将直接由闸墩或连同部分底板传给地基。底板可用混凝土或浆砌块石建造，当采用浆砌块石时，应在块石表面再浇一层厚约 15cm、强度等级为 C15 的混凝土或加筋混凝土，以使底板表面平整并具有良好的防冲性能。

如地基较好，相邻闸墩之间不致出现不均匀沉降的情况下，还可将横缝设在闸孔底板中间。

如闸墩采用浆砌块石，为保证墩头的外形轮廓，并加快施工进度，可采用预制构件。大、中型水闸因沉降缝常设在闸墩中间，故墩头多采用半圆形，有时也采用流线型闸墩。

3.闸门

闸门在闸室中的位置与闸室稳定、闸墩和地基应力以及上部结构的布置有关。平面闸门一般设在靠上游侧，有时为了充分利用水重，也可移向下游侧。弧形闸门为不使闸墩过长，需要靠上游侧布置。

平面闸门的门槽深度决定于闸门的支承形式，检修门槽与工作门槽之间应留有1.0～3.0m净距，以便检修。

4.胸墙

胸墙一般做成板式或梁板式，如图4-7所示。板式胸墙适用于跨度小于5.0m的水闸。

墙板可做成上薄下厚的楔形板［如图4-7（a）所示］跨度大于5.0m的水闸可采用

梁板式，由墙板、顶梁和底梁组成［如图4-7（b）所示］当胸墙高度大于5.0m，且跨度较大时，可增设中梁及竖梁构成肋形结构［如图4-7（c）所示］。

胸墙的支承形式分为简支式和固结式两种，如图4-8所示。简支胸墙与闸墩分开浇筑，缝间涂沥青；也可将预制墙体插入闸墩预留槽内，做成活动胸墙。固结式胸墙与闸墩同期浇筑，胸墙钢筋伸入闸墩内，形成刚性连接，截面尺寸较小，可以增强闸室的整体性，但受温度变化和闸墩变位影响，容易在胸墙支点附近的迎水面产生裂缝。整体式底板可用固结式，分离式底板多用简支式。

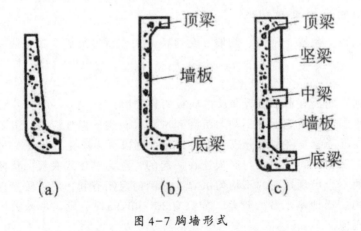

图4-7 胸墙形式

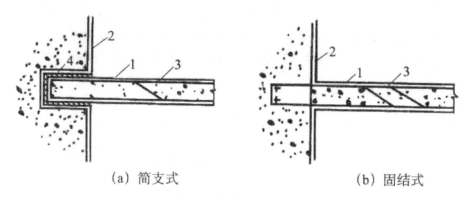

（a）简支式　　　　　　　　　　（b）固结式

图4-8 胸墙的支承形式

1—胸墙；2—闸墩；3—钢筋；4—涂沥青

5.交通桥及工作桥

交通桥一般设在水闸下游一侧，可采用板式、梁板式或拱形结构。为了安装闸门启闭机和便于操作管理，需要在闸墩上设置工作桥。小型水闸的工作桥一般采用板式结构；大、中型水闸多采用装配式梁板结构。

6.分缝方式及止水设备

（1）分缝方式与布置

为了防止和减少由于地基不均匀沉降、温度变化和混凝土干缩引起底板断裂和裂缝，对于多孔水闸需要沿轴线每隔一定距离设置永久缝。缝距不宜过大或过小。

整体式底板的温度沉降缝设在闸墩中间，一孔、二孔或三孔成为一个独立单元。靠近岸边，为了减轻墙后填土对闸室的不利影响，特别是当地质条件较差时，最好采用单孔，再接二孔或三孔的闸室。若地基条件较好，也可将缝设在底板中间或在单孔底板上设双缝。

为避免相邻结构由于荷重相差悬殊产生不均匀沉降，也要设缝分开，如铺盖与底板、消力池与底板以及铺盖、消力池与翼墙等连接处都要分别设缝。此外，混凝土铺盖及消力池本身也需设缝分段、分块。

（2）止水设备

止水分铅直止水及水平止水两种。前者设在闸墩中间，边墩与翼墙间以及上游翼墙本身；后者设在铺盖、消力池与底板和翼墙、底板与闸墩间以及混凝土铺盖及消力池本身的温度沉降缝内。

（六）　水闸与两岸的连接建筑物的形式和布置

水闸与两岸的连接建筑物主要包括边墩（或边墩和岸墙）、上、下游翼墙和防渗刺墙，其布置应考虑防渗、排水设施。

1.边墩和岸墙

建在较为坚实地基上、高度不大的水闸，可用边墩直接与两岸或土坝连接。边墩与闸底板的连接，可以是整体式或分离式的，视地基条件而定。边墩可做成重力式、悬臂式或扶壁式。

在闸身较高且地基软弱的条件下，如仍用边墩直接挡土，则由于边墩与闸身地基所受的荷载相差悬殊，可能产生较大的不均匀沉降，影响闸门启闭，在底板内引起较大的应力，甚至产生裂缝。此时，可在边墩背面设置岸墙。边墩与岸墙之间用缝分开，边墩只起支承闸门及上部结构的作用，而土压力则全部由岸墙承担。岸墙可做成悬臂式、扶壁式、空箱式或连拱式。

2. 翼墙

上游翼墙的平面布置要与上游进水条件和防渗设施相协调，上端插入岸坡，墙顶要超出最高水位至少 0.5～1.0m。当泄洪过闸落差很小，流速不大时，为减小翼墙工程量，墙顶也可淹没在水下。如铺盖前端设有板桩，还应将板桩顺翼墙底延伸到翼墙的上游端。

根据地基条件，翼墙可做成重力式、悬臂式、扶臂式或空箱式等形式。在松软地基上，为减小边荷载对闸室底板的影响，在靠近边墩的一段，宜用空箱式。

对边墩不挡土的水闸，也可不设翼墙，采用引桥与两岸连接，在岸坡与引桥桥墩间设固定的挡水墙。在靠近闸室附近的上、下游两侧岸坡采用钢筋混凝土、混凝土或浆砌块石护坡，再向上、下游延伸接以块石护坡。

3. 刺墙

当侧向防渗长度难以满足要求时，可在边墩后设置插入岸坡的防渗刺墙。有时为防止在填土与边墩、翼墙接触面间产生集中渗流，也可作一些短的刺墙。

4. 防渗、排水设施

两岸防渗布置必须与闸底地下轮廓线的布置相协调。要求上游翼墙与铺盖以及翼墙插入岸坡部分的防渗布置，在空间上连成一体。若铺盖长于翼墙，在岸坡上也应设铺盖，或在伸出翼墙范围的铺盖侧部加设垂直防渗设施。

在下游翼墙的墙身上设置排水设施，形式有排水孔、连续排水垫层。

二、水闸主体结构的施工技术

水闸主体结构施工主要包括闸身上部结构预制构件的安装以及闸底板、闸墩、止水设施和门槽等方面的施工内容。

为了尽量减少不同部位混凝土浇筑时的相互干扰，在安排混凝土浇筑施工次序时，可从以下几个方面考虑：

先深后浅。先浇深基础，后浇浅基础，以避免浅基础混凝土产生裂缝。

先重后轻。荷重较大的部位优先浇筑，待其完成部分沉陷后，再浇相邻荷重较小的部位，以减小两者之间的不均匀沉陷。

先主后次。优先浇筑上部结构复杂、工种多、工序时间长、对工程整体影响大的部位或浇筑块。

穿插进行。在优先安排主要关键项目、部位的前提下，见缝插针，穿插安排一些次要、零星的浇筑项目或部位。

（一）底板施工

水闸底板有平底板与反拱底板两种，平底板为常用底板。这两种闸底板虽都是混凝土浇筑，但施工方法并不一样，下面分别予以介绍。平底板的施工总是先于墩墙，而反拱底扳的施工，一般是先浇墩墙，预留联结钢筋，待沉陷稳定后再浇反拱底板。

　　1.平底板的施工

　　（1）浇注块划分

　　混凝土水闸常由沉降缝和温度缝分为许多结构块，施工时应尽量利用结构缝分块。当永久缝间距很大，所划分的浇筑块面积太大，以致混凝土拌和运输能力或浇筑能力满足不了需要时，则可设置一些施工缝，将浇筑块面积划小些。浇注块的大小，可根据施工条件，在体积、面积及高度三个方面进行控制。

　　（2）混凝土浇筑

　　闸室地基处理后，软基上多先铺筑素混凝土垫层8～10cm，以保护地基，找平基面。浇筑前先进行扎筋、立模、搭设仓面脚手架和清仓等工作。

　　浇筑底板时，运送混凝土入仓的方法很多。可以用载重汽车装载立罐通过履带式起重机吊运入仓，也可以用自卸汽车通过卧罐、履带式起重机入仓。采用上述两种方法时，都不需要在仓面搭设脚手架。

　　一般中小型水闸采用手推车或机动翻斗车等运输工具运送混凝土入仓，且需在仓面设脚手架。

　　水闸平底板的混凝土浇筑，一般采用平层浇筑法。但当底板厚度不大，拌和站的生产能力受到限制时，亦可采用斜层浇筑法。

　　底板混凝土的浇筑，一般先浇上、下游齿墙，然后再从一端向另一端浇筑。当底板混凝土方量较大，且底板顺水流长度在12m以内时，可安排两个作业组分层浇筑。首先两组同时浇筑下游齿墙，待齿墙浇平后，将第二组调至上游齿墙，另一组自下游向上游开浇第一坯底板。上游齿墙组浇完，立即调到下游开浇第二坯，而第一坯组浇完又调头浇第三坯。这样交替连环浇注可缩短每坯间隔时间，加快进度，避免产生冷缝。

　　钢筋混凝土底板，往往有上下两层钢筋。在进料口处，上层钢筋易被砸变形。故开始浇筑混凝土时，该处上层钢筋可暂不绑扎，待混凝土浇筑面将要到达上层钢筋位置时，再进行绑扎，以免因校正钢筋变形延误浇筑时间。

　　2.反拱底板的施工

　　（1）施工程序

　　由于反拱底板对地基的不均匀沉陷反应敏感，因此必须注意施工程序。目前采用的有下述两种方法。

　　1）先浇筑闸墩及岸墙，后浇反拱底板

　　为减少水闸各部分在自重作用下产生不均匀沉陷，造成底板开裂破坏，应尽量将自重较大的闸墩、岸墙先浇筑到顶（以基底不产生塑性为限）。接缝钢筋应预埋在墩墙底板中，以备今后浇入反拱底板内。岸墙应及早夯填到顶，使闸墩岸墙地基预压沉实。此法目前采用较多，对于黏性土或砂性土均可采用。

　　2）反拱底板与闸墩岸墙底板同时浇筑

　　此法适用于地基较好的水闸，虽然对反拱底板的受力状态较为不利，但其保证了建筑的整体性，同时减少了施工工序，便于施工安排。对于缺少有效排水措施的砂性土地基，采用此法较为有利。

（2）施工要点

1）由于反拱底板采用土模，因此必须做好基坑排水工作。尤其是沙土地基，不做好排水工作，拱模控制将很困难。

2）挖模前将基土夯实，再按设计要求放样开挖；土模挖好后，在其上先铺一层约10cm厚的砂浆，具有一定强度后加盖保护，以待浇筑混凝土。

3）采用第一种施工程序，在浇筑岸、墩墙底板时，应将接缝钢筋一头埋在岸、墩墙底板之内，另一头插入土模中，以备下一阶段浇入反拱底板。岸、墩墙浇筑完毕后，应尽量推迟底板的浇筑，以便岸、墩墙基础有更多的时间沉实。反拱底板尽量在低温季节浇筑，以减小温度应力，闸墩底板与反拱底板的接缝按施工缝处理，以保证其整体性。

4）当采用第二种施工程序时，为了减少不均匀沉降对整体浇筑的反拱底板的不利影响，可在拱脚处预留一缝，缝底设临时铁皮止水，缝顶设"假铰"，待大部分上部结构荷载施加以后，便在低温期用二期混凝土封堵。

5）为了保证反拱底板的受力性能，在拱腔内浇筑的门槛、消力坎等构件，需在底板混凝土凝固后浇筑二期混凝土，且不应使两者成为一个整体。

（二）闸墩施工

由于闸墩高度大、厚度小，门槽处钢筋较密，闸墩相对位置要求严格，所以闸墩的立模与混凝土浇筑是施工中的主要难点。

1.闸墩模板安装

为使闸墩混凝土一次浇筑达到设计高程，闸墩模板不仅要有足够的强度，而且要有足够的刚度。所以闸墩模板安装以往采用"铁板螺栓、对拉撑木"的立模支撑方法。此法虽需耗用大量木材（对于木模板而言）和钢材，工序繁多，但对中小型水闸施工仍较为方便。有条件的施工单位，在闸墩混凝土浇筑中逐渐采用翻模施工方法。

（1）"铁板螺栓、对拉撑木"的模板安装

立模前，应准备好固定模板的对销螺栓及空心钢管等。常用的对销螺栓有两种形式：一种是两端都车螺纹的圆钢；另一种是一端带螺纹另一端焊接上一块5mm×40mm×400mm的扁铁的螺栓，扁铁上钻两个圆孔，以便将其固定在对拉撑木上。空心圆管可用长度等于闸墩厚度的毛竹或混凝土空心撑头。

闸墩立模时，其两侧模板要同时相对进行。先立平直模板，后立墩头模板。在闸底板上架立第一层模板时，必须保持模板上口水平。在闸墩两侧模板上，每隔1m左右钻与螺栓直径相应的圆孔，并于模板内侧对准圆孔撑以毛竹或混凝土撑头，然后将螺栓穿入，且两头穿出横向围图和竖向围图，然后用螺帽固定在竖向围图上。铁板螺栓带扁铁的的一端与水平拉撑木相接，与两端均车螺丝的螺栓相间布置。

（2）翻模施工

翻模施工法立模时一次至少立三层，当第二层模板内混凝土浇至腰箍下缘时，第一层模板内腰箍以下部分的混凝土须达到脱模强度，这样便可拆掉第一层，去架立第四层模板，并绑扎钢筋。依次类推，保持混凝土浇筑的连续性，以避免产生冷缝。

2.混凝土浇筑

闸墩模板立好后，随即进行清仓工作。清仓用高压水冲洗模板内侧和闸墩底面，污水则由底层模板的预留孔排出，清仓完毕堵塞小孔后，即可进行混凝土浇筑。闸墩混凝土的浇筑，主要是解决好两个问题，一是每块底板上闸墩混凝土的均衡上升；二是流态混凝土的入仓方式及仓内混凝土的铺筑方法。

当落差大于2m时，为防止流态混凝土下落产生离析，应在仓内设置溜管，可每隔2～3m设置一组。仓内可把浇筑面分划成几个区段，分段进行浇筑。每坯混凝土厚度可控制在30cm左右。

（三）止水设施的施工

为了适应地基的不均匀沉降和伸缩变形，在水闸设计中均设置温度缝与沉陷缝，并常用沉陷缝代温度缝作用。缝有铅直和水平的两种，缝宽一般为1.0～2.5cm。缝中填料及止水设施，在施工中应按设计要求确保质量。

1.沉陷缝填料的施工

沉陷缝的填充材料，常用的有沥青油毛毡、沥青杉木板及泡沫板等多种。填料的安装有两种方法。

一种是先将填料用铁钉固定在模板内侧后，再浇混凝土，拆模后填料即粘在混凝土面上，然后再浇另一侧混凝土，填料即牢固地嵌入沉降缝内。如果沉陷缝两侧的结构需要同时浇灌，则沉陷缝的填充材料在安装时要竖立平直，浇筑时沉陷缝两侧流态混凝土的上升高度要一致。

另一种是先在缝的一侧立模浇混凝土，并在模板内侧预先钉好安装填充材料的长铁钉数排，并使铁钉的1/3留在混凝土外面，然后安装填料、敲弯铁尖，使填料固定在混凝土面上，再立另一侧模板和浇混凝土。

2.止水的施工

凡是位于防渗范围内的缝，都有止水设施，止水包括水平止水和垂直止水，常用的有止水片和止水带。

（1）水平止水。

水平止水的形式如图4-9所示。水平止水大都采用塑料止水带，其安装与沉陷缝的安装方法一样，如图4-10所示。

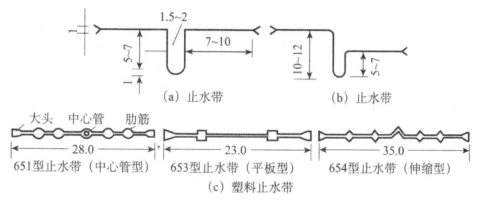

图4-9　水平止水片与塑料止水带（单位：cm）

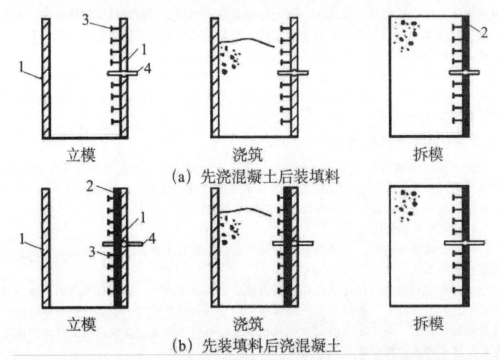

图 4-10 水平止水安装示意图

1—模板；2—填料；3—铁钉；4—止水带

（2）垂直止水

常用的垂直止水构造如图 4-11 所示。

止水部分的金属片，重要部分用紫铜片，一般用铝片、镀锌铁皮或镀铜铁皮等。

对于需灌注沥青的结构形式 [如图 4-11（a）、（b）、（c）所示] 可按照沥青井的形状预制混凝土槽板，每节长度可为 0.3~0.5m，与流态混凝土的接触面应凿毛，以利结合。安装时需涂抹水泥砂浆，随缝的上升分段接高。沥青井的沥青可一次灌注，也可分段灌注。止水片接头要进行焊接。

（3）接缝交叉的处理

止水交叉有两类：一是铅直交叉（指垂直缝与水平缝的交叉），二是水平交叉（指水平缝与水平缝的交叉）。交叉处止水片的连接方式也可分为两种：一种是柔性连接，即将金属止水片的接头部分埋在沥青块体中，如图 4-12（a）、（b）所示；另一种是刚性连接，即将金属止水片剪裁后焊接成整体，见图 4-12（c）、（d）。在实际工程中可根据交叉类型及施工条件决定连接方法，铅直交叉常用柔性连接，而水平交叉则多用刚性连接。

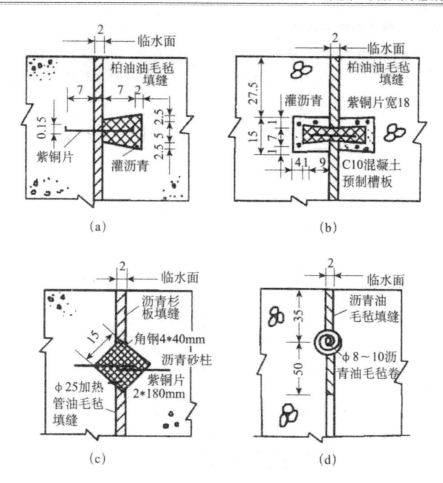

图4-11 垂直止水构造图（单位：cm）

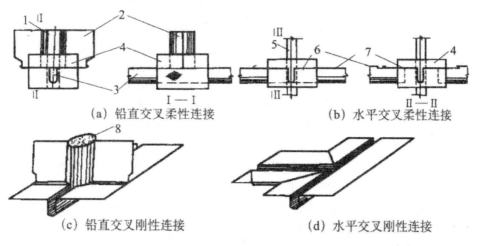

图4-12 止水交叉构造图

1—铅直缝；2—铅直止水片；3—水平止水片；4—沥青块体；5—接缝；

6—纵向水平止水片；7—横向水平止水片；8—沥青柱

（四）门槽二期混凝土施工

采用平面闸门的中小型水闸，在闸墩部位都设有门槽。为了减小闸门的启闭力及闸门封水，门槽部分的混凝土中埋有导轨等铁件，如滑动导轨、主轮、侧轮及反轮导轨、止水座等。这些铁件的埋设可采取预埋及留槽后浇混凝土两种方法。小型水闸的导轨铁件较小，可在闸墩立模时将其预先固定在模板的内侧，如图4-13所示。闸墩混凝土浇筑时，导轨等铁件即浇入混凝土中。由于大、中型水闸导轨较大、较重，在模板上固定较为困难，宜采用预留槽后浇二期混凝土的施工方法。

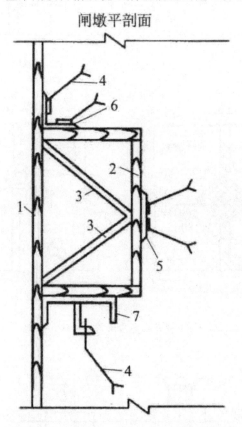

图4-13 闸门导轨一次装好、一次浇注混凝土

1—闸墩模板；2—门槽模板；3—撑头；4—开脚螺栓；

5—侧导轨；6—门槽角铁；7—滚轮导轨

1.门槽垂直度控制

门槽及导轨必须铅直无误，所以在立模及浇筑过程中应随时用吊锤校正。校正时，可在门槽模板顶端内侧钉一根大铁钉（钉入2/3长度），然后把吊锤系在铁钉端部，待吊锤静止后，用钢尺量取上部与下部吊锤线到模板内侧的距离，如相等则该模板垂直，否则按照偏斜方向予以调正。

2.门槽二期混凝土浇筑

在闸墩立模时，于门槽部位留出较门槽尺寸大的凹槽。闸墩浇筑时，预先将导轨基础螺栓按设计要求固定于凹槽的侧壁及正壁模板，模板拆除后基础螺栓即埋入混凝土中。

　　导轨安装前，要对基础螺栓进行校正，安装过程中必须随时用垂球进行校正，使其铅直无误。导轨就位后即可立模浇筑二期混凝土。

　　闸门底槛设在闸底板上，在施工初期浇筑底板时，若铁件不能完成，亦可在闸底板上留槽以后浇二期混凝土。

　　浇筑二期混凝土时，应采用较细骨料混凝土，并细心捣实，不要振动已装好的金属构件。门槽较高时，不要直接从高处下料，可以分段安装和浇筑。二期混凝土拆模后，应对埋件进行复测，并作好记录，同时检查混凝土表面尺寸，清除遗留的杂物、钢筋头，以免影响闸门启闭。

　　3.弧形闸门的导轨安装及二期混凝土浇筑

　　弧形闸门的启闭是绕水平轴转动，转动轨迹由支臂控制，所以不设门槽，但为了减小启闭门力，在闸门两侧亦设置转轮或滑块，因此也有导轨的安装及二期混凝土施工。

　　为了便于导轨的安装，在浇筑闸墩时，根据导轨的设计位置预留20cm×80cm的凹槽，槽内埋设两排钢筋，以便用焊接方法固定导轨。安装前应对预埋钢筋进行校正，并在预留槽两侧，设立垂直闸墩侧面并能控制导轨安装垂直度的若干对称控制点。安装时，先将校正好的导轨分段与预埋的钢筋临时点焊接数点，待按设计坐标位置逐一校正无误，并根据垂直平面控制点，用样尺检验调整导轨垂直度后，再电焊牢固，最后浇二期混凝土。

三、闸门的安装方法

　　闸门是水工建筑物的孔口上用来调节流量，控制上下游水位的活动结构。它是水工建筑物的一个重要组成部分。

　　闸门主要由三部分组成：主体活动部分，用以封闭或开放孔口，通称闸门或门叶；埋固部分，是预埋在闸墩、底板和胸墙内的固定件，如支承行走埋设件、止水埋设件和护砌埋设件等；启闭设备，包括连接闸门和启闭机的螺杆或钢丝绳索和启闭机等。

　　闸门按其结构形式可分为平面闸门、弧形闸门及人字闸门三种。闸门按门体的材料可分为钢闸门、钢筋混凝土或钢丝水泥闸门、木闸门及铸铁闸门等。

　　所谓闸门安装是将闸门及其埋件装配、安置在设计部位。由于闸门结构的不同，各种闸门的安装，如平面闸门安装、弧形闸门安装、人字闸门安装等，略有差异，但一般可分为埋件安装和门叶安装两部分。

　　1.平面闸门安装

　　主要介绍平面钢闸门的安装。

　　平面钢闸门的闸门主要由面板、梁格系统、支承行走部件、止水装置和吊具等组成。

　　（1）埋件安装

　　闸门的埋件是指埋设在混凝土内的门槽固定构件，包括底槛、主轨、侧轨、反轨和门楣等。安装顺序一般是设置控制点线，清理、校正预埋螺栓，吊入底槛并调整其中心、高程、里程和水平度，经调整、加固、检查合格后，浇筑底槛二期混凝土。设置主、反、侧轨安装控制点，吊装主轨、侧轨、反轨和门楣并调整各部件的高程、中心、里程、垂直度及相对尺寸，经调整、加固、检查合格，分段浇筑二期混凝土。二期混凝土拆模后，复测埋件的安装精度和二期混凝土槽的断面尺寸，超出允许误差的部位需进行处理，以防闸门关闭不严、出现漏水或启闭时出现卡阻现象。

（2）门叶安装

如门叶尺寸小，则在工厂制成整体运至现场，经复测检查合格，装上止水橡皮等附件后，直接吊入门槽。如门叶尺寸大，由工厂分节制造，运到工地后，在现场组装。

1）闸门组装

组装时，要严格控制门叶的平直性和各部件的相对尺寸。分节门叶的节间联结通常采用焊接、螺栓联结、销轴联结三种方式。

2）闸门吊装

分节门叶的节间如果是螺栓和销轴联结的闸门，若起吊能力不够，在吊装时需将已组成的门叶拆开，分节吊入门槽，在槽内再联结成整体。

（3）闸门启闭试验

闸门安装完毕后，需作全行程启闭试验，要求门叶启闭灵活无卡阻现象，闸门关闭严密，漏水量不超过允许值。

2.弧形闸门安装

弧形闸门由弧形面板、梁系和支臂组成。弧形闸门的安装，根据其安装高低位置不同，分为露顶式弧形闸门安装和潜孔式闸门安装。

（1）露顶式弧形闸门安装

露顶式弧形闸门包括底槛、侧止水座板、侧轮导板、铰座和门体。安装顺序：

1）在一期混凝土浇筑时预埋铰座基础螺栓，为保证铰座的基础螺栓安装准确，可用钢板或型钢将每个铰座的基础螺栓组焊在一起，进行整体安装、调整、固定。

2）埋件安装，先在闸孔混凝土底板和闸墩边墙上放出各埋件的位置控制点，接着安装底槛、侧止水导板、侧轮导板和铰座，并浇筑二期混凝土。

3）门体安装，有分件安装和整体安装两种方法。分件安装是先将铰链吊起，插入铰座，于空间穿轴，再吊支臂用螺栓与铰链连接；也可先将铰链和支臂组成整体，再吊起插入铰座进行穿轴；若起吊能力许可，可在地面穿轴后，再整体吊入。2个直臂装好后，将其调至同一高程，再将面板分块装于支臂上，调整合格后，进行面板焊接和将支臂端部与面板相连的连接板焊好。门体装完后起落2次，使其处于自由状态，然后安装侧止水橡皮，补刷油漆，最后再启闭弧门检查有无卡阻和止水不严现象。整体安装是在闸室附近搭设的组装平台上进行，将2个已分别与铰链连接的支臂按设计尺寸用撑杆连成一体，再于支臂上逐个吊装面板，将整个面板焊好，经全面检查合格，拆下面板，将2个支臂整体运

入闸室，吊起插入铰座，进行穿轴，而后吊装面板。此法一次起吊重量大，2个支臂组装时，其中心距要严格控制，否则会给穿轴带来困难。

（2）潜孔式弧形闸门安装

设置在深孔和隧洞内的潜孔式弧形闸门，顶部有混凝土顶板和顶止水，其埋件除与露顶式相同的部分外，一般还有铰座钢梁和顶门楣。安装顺序：

①铰座钢梁宜和铰座组成整体，吊入二期混凝土的预留槽中安装。

②埋件安装。深孔弧形闸门是在闸室内安装，故在浇筑闸室一期混凝土时，就需将锚钩埋好。

③门体安装方法与露顶式弧形闸门的基本相同，可以分体装，也可整体装。门体装完后要起落数次，根据实际情况，调整顶门楣，使弧形闸门在启闭过程中不发生卡阻现象，同时门楣上的止水橡皮能和面板接触良好，以免启闭过程中门叶顶部发生涌水现象。调整合格后，浇筑顶门楣二期混凝土。

④为防止闸室混凝土在流速高的情况下发生空蚀和冲蚀，有的闸室内壁设钢板衬砌。钢衬可在二期混凝土安装，也可延一期混凝土时安装。

四、启闭机的安装方法

在水工建筑物中，专门用于各种闸门开启与关闭的起重设备称为闸门启闭机。将启闭闸门的起重设备装配、安置在设计确定部位的工程称作闸门启闭机安装。

闸门启闭机安装分固定式和移动式启闭机安装两类。固定式启闭机主要用于工作闸门和事故闸门，每扇闸门配备1台启闭机，常用的有卷扬式启闭机、螺杆式启闭机和液压式启闭机等几种。移动式启闭机可在轨道上行走，适用于操作多孔闸门，常用的有门式、台式和桥式等几种。

大型固定式启闭机的一般安装程序：

①埋设基础螺栓及支撑垫板。

②安装机架。

③浇筑基础二期混凝土。

④在机架上安装提升机构。

⑤安装电气设备和安保元件。

⑥联结闸门作启闭机操作试验，使各项技术参数和继电保护值达到设计要求。

移动式启闭机的一般安装程序：

①埋设轨道基础螺栓。

②安装行走轨道，并浇筑二期混凝土。

③在轨道上安装大车构架及行走台车。

④在大车梁上安装小车轨道、小车架、小车行走机构和提升设备。

⑤安装电气设备和安保元件。

⑥进行空载运行及负荷试验，使各项技术参数和继电保护值达到设计要求。

1.固定式启闭机的安装

（1）卷扬式启闭机的安装

卷扬式启闭机由电动机、减速箱、传动轴和绳鼓所组成。卷扬式启闭机是由电力或人力驱动减速齿轮，从而驱动缠绕钢丝绳的绳鼓，借助绳鼓的转动，收放钢丝绳使闸门升降。

固定卷扬式启闭机安装顺序：

①在水工建筑物混凝土浇筑时埋入机架基础螺栓和支承垫板，在支承垫板上放置调整用楔形板。

②安装机架。按闸门实际起吊中心线找正机架的中心、水平、高程，拧紧基础螺母，浇筑基础二期混凝土，固定机架。

③在机架上安装、调整传动装置，包括：电动机、弹性联轴器、制动器、减速器、传动轴、齿轮联轴器、开式齿轮、轴承、卷筒等。

固定卷扬式启闭机的调整顺序：

①按闸门实际起吊中心找正卷筒的中心线和水平线，并将卷筒轴的轴承座螺栓拧紧。

②以与卷筒相联的开式大齿轮为基础，使减速器输出端开式小齿轮与大齿轮啮合正确。

③以减速器输入轴为基础，安装带制动轮的弹性联轴器，调整电动机位置使联轴器的两片的同心度和垂直度符合技术要求。

④根据制动轮的位置，安装与调整制动器；若为双吊点启闭机，要保证传动轴与两端齿轮联轴节的同轴度。

⑤传动装置全部安装完毕后，检查传动系统动作的准确性、灵活性，并检查各部分的可靠性。

⑥安装排绳装置、滑轮组、钢丝绳、吊环、扬程指示器、行程开关、过载限制器、过速限制器及电气操作系统等。

（2）螺杆式启闭机安装

螺杆式启闭机是中小型平面闸门普遍采用的启闭机。它由摇柄、主机和螺栓组成。螺杆的下端与闸门的吊头连接，上端利用螺杆与承重螺母相扣合。当承重螺母通过与其连接的齿轮被外力（电动机或手摇）驱动而旋转时，它驱动螺杆作垂直升降运动，从而启闭闸门。

安装过程包括基础埋件的安装、启闭机安装、启闭机单机调试、启闭机负荷试验。

安装前，首先检查启闭机各传动轴，轴承及齿轮的转动灵活性和啮合情况，着重检查螺母螺纹的完整性，必要时应进行妥善处理。

检查螺杆的平直度，每米长弯曲超过 0.2mm 或有明显弯曲处可用压力机进行机械校直。螺杆螺纹容易碰伤，要逐圈进行检查和修正。无异状时，在螺纹外表涂以润滑油脂，并将其拧入螺母，进行全行程的配合检查，不合适处应修正螺纹。然后整体竖立，将它吊入机架或工作桥上就位，以闸门吊耳找正螺杆下端连接孔，并进行连接。

挂一线锤，以螺杆下端头为准，移动螺杆启闭机底座，使螺杆处于垂直状态。对双吊点的螺杆式启闭机，两侧螺杆找正后，安装中间同步轴，螺杆找正和同步轴连接合格后，最后把机座固定。

对电动螺杆式启闭机，安装电动机及其操作系统后应作电动操作试验及行程限位整定等。

（3）液压式启闭机的安装

液压式启闭机由机架、油缸、油泵、阀门、管路、电机和控制系统等组成。油缸拉杆下端与闸门吊耳铰接。液压式启闭机分单向与双向两种。

液压式启闭机通常由制造厂总装并试验合格后整体运到工地，若运输保管得当，且出厂不满一年，可直接进行整体安装，否则，要在工地进行分解、清洗、检查、处理和重新装配。安装程序：

①安装基础螺栓，浇筑混凝土。

②安装和调整机架。

③油缸吊装于机架上，调整固定。

④安装液压站与油路系统。

⑤滤油和充油。

⑥启闭机调试后与闸门联调。

2.移动式启闭机的安装

移动式启闭机安装在坝顶或尾水平台上，能沿轨道移动，用于启闭多台工作闸门和检修闸门。常用的移动式启闭机有门式、台式和桥式等几种。

移动式启闭机行走轨道均采取嵌入混凝土方式，先在一期混凝土中埋入基础调节螺栓，经位置校正后，安放下部调节螺母及垫板，然后逐根吊装轨道，调整轨道高程、中心、轨距及接头错位，再用上压板和夹紧螺母紧固，最后分段浇筑二期混凝土。

第二节　渠系主要建筑物的施工技术

渠系建筑物主要包括渠道、渡槽、涵洞、倒虹吸管、跌水与陡坡、水闸等。本部分着重介绍渠道、渡槽、倒虹吸管的施工方法。

一、渠系建筑物组成及特点

在渠道上修建的建筑物称为渠道系统中的水工建筑物，简称渠系建筑物。

（一）渠系建筑物的分类

渠系建筑物按其作用可分为：

1.渠道

是指为农田灌溉、水力发电、工业及生活输水用的、具有自由水面的人工水道。

2.调节及配水建筑物

用以调节水位和分配流量，如节制闸、分水闸等。

3.交叉建筑物

渠道与山谷、河流、道路、山岭等相交时所修建的建筑物，如渡槽、倒虹吸管、涵洞等。

4.落差建筑物

在渠道落差集中处修建的建筑物，如跌水、陡坡等。

5.泄水建筑物

为保护渠道及建筑物安全或进行维修，用以放空渠水的建筑物，如泄水闸、虹吸泄洪道等。

6.冲沙和沉沙建筑物

为防止和减少渠道淤积，在渠首或渠系中设置的冲沙和沉沙设施，如冲沙闸、沉沙池等。

7.量水建筑物

用以计量输配水量的设施，如量水堰等。

（二）渠系建筑物的特点

1.面广量大、总投资多

渠系中的建筑物，一般规模不大，但数量多，总的工程量和造价在整个工程中所占比重较大。

2.同一类型建筑物的工作条件、结构形式、构造尺寸较为近似

同一类型的渠系建筑物的工作条件一般较为近似，因此，在一个灌区内可以较多地采用同一的结构形式和施工方法，广泛采用定型设计和预制装配式结构。

（三）渠系建筑物的组成

1.渠道

（1）渠道的分类

渠道按用途可分为灌溉渠道、动力渠道（引水发电用）、供水渠道、通航渠道和排水渠道等。

（2）渠道的横断面

渠道横断面的形状，在土基上多采用梯形，两侧边坡根据土质情况和开挖深度或填筑高度确定，一般用 $1:1 \sim 1:2$，在岩基上接近矩形。

断面尺寸取决于设计流量和不冲不淤流速，可根据给定的设计流量、纵坡等用明渠均匀流公式计算确定。

（3）渠道防渗

实践证明，对渠道进行砌护防渗，不仅可以消除渗漏带来的危害，还能减小渠道糙率，提高输水能力和抗冲能力，在而可以减少渠道断面及渠系建筑物的尺寸。

为减小渗漏量和降低渠床糙率，一般均需在渠床加做护面，护面材料主要有：砌石、黏土、灰土、混凝土以及防渗膜等。

2.渡槽

（1）渡槽的作用和组成

渡槽是渠道跨越河、沟、路或洼地时修建的过水桥。它由进口段、槽身、支承结构、基础和出口段等部分组成。

渡槽与倒虹吸管相比具有水头损失小，便于运行管理等优点，在渠道绕线或高填方方案不经济时，往往优先考虑渡槽方案，渡槽是渠系建筑物中应用最广的交叉建筑物之一。

渡槽除输送渠水外，还用于排洪和导流等方面当挖方渠道与冲沟相交时，为防止山洪及泥沙入渠，在渠道上修建排洪渡槽。当在流量较小的河道上进行施工导流时，可在基坑上修建渡槽，以使上游来水通过渡槽泄向下游。

（2）渡槽的形式

渡槽根据支承结构形式可分为梁式渡槽和拱式渡槽两大类。

①梁式渡槽

梁式渡槽的槽身搁置在槽墩或槽架上，槽身在纵向起梁的作用。

梁式渡槽的跨度大小与地形地质条件、支撑高度、施工方法等因素有关，一般不大于20m，常采用8~15m。梁式渡槽的优点是结构比较简单，施工较方便。当跨度较大时，可采用预应力混凝土结构。

②拱式渡槽

当槽身支承在拱式支承结构上时，称为拱式渡槽。其支撑结构由槽墩、主拱圈、拱上结构组成。主拱圈主要承受压应力，可用抗拉强度小而抗压强度大的材料（如石料、混凝土等）建造，并可用于大跨度。

（3）渡槽的整体布置

渡槽的整体布置包括槽址选择、结构选型、进出口段的布置。

梁式渡槽的槽身横断面常用矩形和U形，矩形槽身可用浆砌石或钢筋混凝土建造。拱式渡槽的槽身一般为预制的钢筋混凝土U形槽或矩形槽。

为使槽内水流与渠道平顺衔接，在渡槽的进、出口需要设置渐变段。

3.倒虹吸管

倒虹吸管是当渠道横跨山谷、河流、道路时，为连接渠道而设置的压力管道，其形状如倒置的虹吸管。它与渡槽相比较，具有造价低、施工方便的优点，但水头损失较大，运行管理不如渡槽方便。它应用于修建渡槽困难，或需要高填方建渠道的场合；在渠道水位与所跨越的河流或路面高程接近时，也常用倒虹吸方案。

倒虹吸管由进口段、管身和出口段三部分组成。

（1）进口段

进口段包括：渐变段、闸门、拦污栅，有的工程还设有沉沙池。进口段要与渠道平顺衔接，以减少水头损失。渐变段可以做成扭曲面或八字墙等形式。闸门用于管内清淤和检修。不设闸门的小型倒虹吸管，可在进口侧墙上预留检修门槽，需用时临时插板挡水。拦污栅用于拦污和防止人畜落入渠内被吸进倒虹吸管。

在多泥沙河流上，为防止渠道水流携带的粗颗粒泥沙进入倒虹吸管，可在闸门与拦污栅前设置沉沙池。

（2）出口段

出口段的布置形式与进口段基本相同。单管可不设闸门；若为多管，可在出口段侧墙上预留检修门槽。出口渐变段比进口渐变段稍长。

（3）管身

管身断面可为圆形或矩形。圆形管因水力条件和受力条件较好，大、中型工程多采用这种形式。矩形管仅用于水头较低的中、小型工程。根据流量大小和运用要求，倒虹吸管可以设计成单管、双管或多管。在管路变坡或转弯处应设置镇墩。

4.涵洞

（1）涵洞是渠道与溪谷、道路等相交叉时，为宣泄溪谷来水或输送渠水，在填方渠道或道路下修建的交叉建筑物。

（2）涵洞由进口段、洞身和出口段三部分组成。其顶部往往有填土。涵洞一般不设闸门，有闸门时称为涵洞式或封闭式水闸。进、出口段是浦身与渠道或沟溪的连接部分，其形式选择应使水流平顺地进出洞身，以减小水头损失。

（3）小型涵洞的进、出口段都用浆砌石建造。大、中型工程可采用混凝土或钢筋混凝土结构。为适应不均匀沉降，常用沉降缝与洞身分开，缝间设止水。

（4）由于水流状态的不同，涵洞可能是无压的、有压的或半有压的。有压涵洞的特点是工作时水流充满整个洞身断面，洞内水流自进口至出口均处于有压流状态；无压涵洞是渠道上输水涵洞的主要形式，其特点是洞内水流具有自由表面，自进口至出口始终保持无压流状态；半有压涵洞的特点是进口洞顶水流封闭，但洞内的水流仍具有自由表面。

（5）涵洞的形式一般是指洞身的形式。根据用途、工作特点、结构形式和建筑材料等常分为圆形、箱形、盖板式及拱涵等几种。圆形涵洞受力条件好，泄水能力大，宜于预制，适用于上面填土较厚的情况，为有压涵洞的主要形式；箱式涵洞多为四边封闭的矩形钢筋混凝土结构，泄量大时可用双孔或多孔，适用于填土较浅的无压或低压涵洞；拱形涵洞顶部为拱形，也有单孔和多孔之分，常用混凝土和浆砌石做成，适用于填土高度及跨度较大而侧压力较小的无压涵洞。

5.跌水及陡坡

（1）当渠道通过地面坡度较陡的地段或天然跌坎，在落差集中处可建跌水或陡坡。使渠道上游水流自由跌落到下游渠道的落差建筑物称为跌水。使上游渠道沿陡槽下泄到下游渠道的落差建筑物，称为陡坡。

（2）根据地面坡度大小和上下游渠道落差的大小，可采用单级跌水或多级跌水。二者构造基本相同。跌水的上下游渠底高差称为跌差。一般土基上单级跌水的跌差小于 3 ~ 5m，超过此值时宜做成多级跌水。

（3）单级跌水一般由进口连接段、跌水口、跌水墙、侧墙、消力池和出口连接段组成。多级跌水的组成和构造与单级跌水相同，只是将消力池做成几个阶梯，各级落差和消力池长度都相等，使每级具有相同的工作条件，并便于施工。

（4）陡坡的构造与跌水相似，不同之处是陡坡段代替了跌水墙。

二、渠系主要建筑物的施工方法

（一）渠道施工

渠道施工包括渠道开挖、渠堤填筑和渠道衬砌。渠道施工的特点是工程量大，施工线路长，场地分散；但工种单纯，技术要求较低。

1.渠道开挖

渠道开挖的施工方法有人工开挖、机械开挖和爆破开挖等。开挖方法的选择取决于技术条件、土壤特性、渠道横断面尺寸、地下水位等因素。渠道开挖的土方多堆在渠道两侧用作渠堤，因此，铲运机、推土机等机械得到广泛的应用。

（1）人工开挖

1）施工排水

渠道开挖首先要解决地表水或地下水对施工的干扰问题，办法是在渠道中设置排水沟。排水沟的布置既要方便施工，又要保证排水的通畅。

2）开挖方法

在干地上开挖，应自渠道中心向外，分层下挖，先深后宽。为方便施工加快工程进度，边坡处可先按设计坡度要求挖成台阶状，待挖至设计深度时再进行削坡。开挖后的弃土，应先行规划，尽量做到挖填平衡。开挖方法有一次到底法和分层下挖法。

3）边坡开挖与削坡

开挖渠道如一次开挖成坡，将影响开挖进度。因此，一般先按设计坡度要求挖成台阶状，其高宽比按设计坡度要求开挖，最后进行削坡。

（2）机械开挖

1）推土机开挖

推土机开挖，渠道深度一般不宜超过 1.5 ~ 2.0m，填筑渠堤高度不宜超过 2 ~ 3m，其边坡不宜陡于 1：2。推土机还可用于平整渠底，清除腐殖土层、压实渠堤等。

2）铲运机开挖

铲运机最适宜开挖全挖方渠道或半挖半填渠道。对需要在纵向调配土方的渠道，如运距不远，也可用铲运机开挖。铲运机开挖渠道的开行方式有：

环形开行：当渠道开挖宽度大于铲土长度，而填土或弃土宽度又大于卸土长度，可采用横向环形开行。反之，则采用纵向环形开行，铲土和填土位置可逐渐错动，以完成所需断面。

"8"字形开行：当工作前线较长，填挖高差较大时，则应采用"8"字形开行。其进口坡道与挖方轴线间的夹角以 40° ~ 60° 为宜，过大则重车转弯不便，过小则加大运距。

3）爆破开挖

采用爆破法开挖渠道时，药包可根据开挖断面的大小沿渠线布置成一排或几排。当渠底宽度大于深度的 2 倍以上时，应布置 2 ~ 3 排以上的药包，但最多不宜超过 5 排，以免爆破后回落土方过多。单个药包装药量及间、排距应根据爆破试验确定。

2.渠堤填筑

渠堤填筑前要进行清基，清除基础范围内的块石、树根、草皮、淤泥等杂质，并将基面略加平整，然后进行刨毛。如基础过于干燥，还应洒水湿润，然后再填筑。

筑堤用的土料，以土块小的湿润散土为宜，如沙质壤土或沙质黏土。如用几种土料，应将透水性小的土料填筑在迎水面，透水性大的填筑在背水面。土料中不得掺有杂质，并应保持一定的含水量，以利压实。严禁使用冻土、淤泥、净砂等。

填方渠道的取土坑与堤脚应保持一定距离，挖土深度不宜超过 2m，取土宜先远后近，并留有斜坡道以便运土。半填半挖渠道应尽量利用挖方填堤，只有土料不足或土质不能满足填筑要求时，才在取土坑取土。

渠堤填筑应分层进行。每层铺土厚度以 20 ~ 30cm 为宜，并应铺平铺匀。每层铺土宽度应保证土堤断面略大于设计宽度，以免削坡后断面不足。堤顶应做成坡度为 2% ~ 4% 的坡面，以利排水。填筑高度应考虑沉陷，一般可预加 5% 的沉陷量。

3.渠道衬护

渠道衬护就是用灰土、水泥土、块石、混凝土、沥青、塑料薄膜等材料在渠道内壁铺砌-衬护层。在选择衬护类型时，应考虑以下原则：防渗效果好，因地制宜，就地取材，施工简便，能提高渠道输水能力。

（1）灰土衬护

灰土是由石灰和土料混合而成。衬护的灰土比一般为 1:2~1:6（重量比）。衬护厚度一般为 20~40cm。灰土施工时，先将过筛后的细土和石灰粉干拌均匀，再加水拌和，然后堆放一段时间，使石灰粉充分熟化，稍干后即可分层铺筑夯实，拍打坡面消除裂缝。灰土夯实后应养护一段时间再通水。

（2）砌石衬护

砌石衬护有三种形式：干砌块石、干砌卵石和浆砌块石。干砌块石用于土质较好的渠道，主要起防冲作用；浆砌块石用于土质较差的渠道，起抗冲防渗作用。

用干砌卵石衬砌施工时，应先按设计要求铺设垫层，然后再砌卵石。砌筑卵石以外形稍带扁平而大小均匀的为好。砌筑时应采用直砌法，即要求卵石的长边垂直于边坡或渠底，并砌紧、砌平、错缝，且坐落在垫层上。为了防止砌面被局部冲毁而扩大，每隔 10~20m 距离，用较大的卵石干砌或浆砌一道隔墙，隔墙深 60~80cm，宽 40~50cm，以增加渠底和边坡的稳定性。渠底隔墙可砌成拱形，其拱顶迎向水流方向，以提高抗冲能力。

砌筑顺序应遵循"先渠底，后边坡"的原则。

块石衬砌时，石料的规格一般以长 40~50cm，宽 30~40cm，厚度不小于 8~10cm 为宜，要求有一面平整。

（3）混凝土衬护

混凝土衬护由于防渗效果好，一般能减少90%以上渗漏量，耐久性强，糙率小，强度高，便于管理，适应性强，因而成为一种广泛采用的衬护方法。

混凝土衬护有现场浇筑和预制装配两种形式。前者接缝少、造价低，适用于挖方渠段，后者受气候条件影响小，适用于填方渠段。

大型渠道的混凝土衬护多采用现浇施工。在渠道开挖和压实后，先设置排水，铺设垫层，然后浇筑混凝土。浇筑时按结构缝分段，一般段长为10m左右，先浇渠底，后浇渠面。渠底一般多采用跳仓法浇筑。

装配式混凝土衬护，是在预制厂制作混凝土衬护板，运至现场后进行安装，然后灌注填缝材料。装配式混凝土预制板衬护，具有质量容易保证、施工受气候条件影响较小的特点。但接缝较多且防渗、抗冻性能较差，故多用于中小型渠道。

（4）沥青材料衬护

沥青材料渠道衬砌有沥青薄膜与沥青混凝土两大类。

沥青薄膜类防渗按施工方法可分为现场浇筑和装配式两种。现场浇筑又可分为喷洒沥青和沥青砂浆两种。

现场喷洒沥青薄膜施工，首先要求将渠床整平、压实、并洒水少许，然后将温度为200℃的软化沥青用喷洒机具，在354kPa压力下均匀地喷洒在渠床上，形成厚6~7mm的防渗薄膜。一般需喷洒两层以上，各层间需结合良好。喷洒沥青薄膜后，应及时进行质量检查和修补工作。最后在薄膜表面铺设保护层。

沥青砂浆防渗多用于渠底。施工时先将沥青和砂分别加热，然后进行拌和，拌好后保持在 160~180℃，即行现场摊铺，然后用大方铢反复烫压，直至出油，再作保护层。

（5）塑料薄膜衬护

用于渠道防渗的塑料薄膜厚度以 0.12~0.20mm 为宜。塑料薄膜的铺设方式有表面式和埋藏式两种。表面式是将塑料薄膜铺于渠床表面，埋藏式是在铺好的塑料薄膜上铺筑土料或砌石作为保护层。保护层厚度一般不小于 30cm，在寒冷地区加厚。

塑料薄膜衬砌渠道施工，大致可分为渠床开挖和修整、塑料薄膜的加工和铺设、保护层的填筑等三个施工过程。塑料薄膜的接缝可采用焊接或搭接。

（二）渡槽施工

渡槽按施工方法分为装配式渡槽和现浇式渡槽两种类型。装配式渡槽具有简化施工、缩短工期、提高质量、减轻劳动强度、节约钢木材料、降低工程造价的特点，所以被广泛采用。

1.装配式渡槽施工

装配式渡槽施工包括预制和吊装两个过程。

（1）构件的预制

1）排架的预制

槽架是渡槽的支承构件，为了便于吊装，一般选择靠近槽址的场地预制。制作的方式有地面立模和砖土胎模两种。

地面立模：在平坦夯实的地面上用 1:3:8 的水泥、黏土、砂浆抹面，厚约 1cm，压抹光滑作为底模，立上侧模后就地浇制，拆模后，当强度达到 70% 时，即可移出存放，以便重复利用场地。

砖土胎模：其底模和侧模均采用砌砖或夯实土做成，与构件接触面用水泥、黏土、砂浆抹面，并涂上脱模剂即可。使用土模应做好四周的排水工作。

2）槽身的预制

槽身的预制宜在两排架之间或排架一侧进行。槽身的方向可以垂直或平行于渡槽的纵向轴线，根据吊装设备和方法而定。要避免因预制位置选择不当，从而造成起吊时发生摆动或冲击现象。

3）预应力构件的制造

在制造装配式梁、板及柱时采取预应力钢筋混凝土结构，不仅能提高混凝土的抗裂性与耐久性，减轻构件自重，并可节约钢筋 20%~40%。预应力就是在构件使用前，预先加一个力，使构件产生应力，以抵消构件使用时荷载产生相反的应力。制造预应力钢筋混凝土构件的方法很多，基本上可分为先张法和后张法两大类。

先张法就是在浇筑混凝土之前，先将钢筋拉张固定，然后立模浇筑混凝土。等混凝土完全硬化后，去掉拉张设备或剪断钢筋，利用钢筋弹性收缩的作用，通过钢筋与混凝土间的粘结力把压力传给混凝土，使混凝土产生预应力。

后张法就是在混凝土浇好以后再张拉钢筋。这种方法是在设计配置预应力钢筋的部位，预先留出孔道，等到混凝土达到设计强度后，再穿入钢筋进行拉张，拉张锚固后，让混凝土获得压应力，并在孔道内灌浆，最后卸去锚固外面的拉张设备。

（2）渡槽的吊装

1）排架的吊装

槽架下部结构有支柱、横梁和整体排架等。支柱和排架的吊装通常有垂直吊插法和就地旋转立装法两种。

垂直吊插法是用吊装机具将整个排架垂直吊离地面后，再对准并插入基础预留的杯口中校正固定的吊装方法。

就地旋转立装法是把支架当作一旋转杠杆，其旋转轴心设于架脚，并于基础铰接好，吊装时用起重机吊钩拉吊排架顶部，排架就地旋转立于基础上。

2）槽身的吊装

槽身的吊装，基本上可分为两类，即起重设备架立于地面上吊装及起重设备架立于槽墩或槽身上吊装。

2.现浇式渡槽施工

现浇式渡槽的施工主要包括槽墩和槽身两部分。

（1）槽墩的施工

渡槽槽墩的施工，一般采用常规方法，也可采用滑升模板施工。使用滑升模板时，一般采用坍落度小于2cm的低流态混凝土，同时还需要在混凝土内掺速凝剂，以保证随浇随滑升，不致使混凝土坍塌。

（2）槽身的施工

渡槽槽身的混凝土浇筑，就整座渡槽的浇筑顺序而言，有从一端向另一端推进或从两端向中部推进以及从中部增加两个工作面向两端推进等几种方式。槽身如采取分层浇筑时，必须合理选取分层高度，应尽量减小层数，并提高第一层的浇筑高度。对于断面较小的梁式渡槽一般均采用全断面一次平起浇筑的方式。U形薄壳双悬臂梁式渡槽，一般采用全断面一次平起浇筑。

（三）倒虹吸管施工

介绍现浇钢筋混凝土倒虹吸管的施工。

现浇倒虹吸管施工顺序一般为放样、清基和地基处理，管座施工，管模板的制作与安装，管钢筋的制作与安装；管道接头止水施工；混凝土浇筑；混凝土养护与拆模。

1.管座施工

在清基和地基处理之后，即可进行管座施工。

管座的形式主要有刚性弧形管座、两节点式及中空式刚性管座。

（1）刚性弧形管座

刚性弧形管座通常是一次做好后，再进行管道施工。当管径较大时，管座事先做好，在浇捣管底混凝土时，则需在内模底部开置活动口，以便进料浇捣。为了避免在内模底部开口，也可采用管座分次施工的方法，即先做好底部范围（中心角约80°）的小弧座，以作为外模的一部分，待管底混凝土浇到一定程度时，即边砌小弧座旁的浆砌管座边浇混凝土，直到砌完整个管座为止。

（2）两点式及中空式刚性管座

两点式及中空式刚性管座均事先砌好管座，在基座底部挖空处可用土模代替外模。施工时，对底部回填土要仔细夯实，以防止在浇筑过程中，土壤产生压缩变形而导致混凝土开裂。

2.混凝土的浇筑

在灌区建筑物中，倒虹吸管混凝土对抗拉、抗渗要求比一般结构的混凝土要严格得多。

要求混凝土的水灰比一般控制在0.5～0.6，有条件时可达到0.4左右，坍落度用机械振捣时为4～6cm，人工振捣不应大于6～9cm。含砂率常用值为30%～38%，以采用偏低值为宜。

（1）浇筑顺序

为便于整个管道施工，可每次间隔一节进行浇筑，例如先浇1#、3#、5#管，再浇2#、4#、6#管。

（2）浇筑方式

一般常见的倒虹吸管有卧式和立式两种。在卧式中，又可分平卧或斜卧，平卧大都是管道通过水平或缓坡地段所采用的一般方式，斜卧多用于进出口山坡陡峻地区，至于立式管道则多采用预制管安装。

不论平卧还是斜卧，在浇筑时，都应注意两侧或周围进料均匀，快慢一致。否则，将产生模板位移，导致管壁厚薄不一，而严重影响管道质量。

第三节　橡胶坝

橡胶坝是水利工程应用较为广泛的河道挡水建筑物，是用高强度合成纤维织物做受力骨架，内外涂敷橡胶作保护层，加工成胶布，再将其锚固于底板上成封闭状的坝袋，通过充排管路用水（气）将其充胀形成的袋式挡水坝。坝顶可以溢流，并可根据需要调节坝高，控制上游水位，以发挥灌溉、发电、航运、防洪、挡潮等效益。

在应用时以水或气充胀坝袋，形成挡水坝。不需要挡水时，泄空坝内的水或气，恢复原有河渠的过流断面，在行洪河道的水或气应进行强排，以满足河道行洪在时间的要求。

一、橡胶坝的形式

橡胶坝分袋式、帆式及钢柔混合结构式三种坝型，比较常用的是袋式坝型。坝袋按充胀介质可分为充水式、充气式和气水混合式；按锚固方式可分锚固坝和无锚固坝，锚固坝又分单线锚固和双线锚固等。

橡胶坝按岸墙的结构形式可分为直墙式和斜坡式。直墙式橡胶坝的所有锚固均在底板上，橡胶坝坝袋采用堵头式，这种形式结构简单，适应面广，但充坝时在坝袋和岸墙结合部位出现拥肩现象，引起局部溢流，这就要求坝袋和岸墙结合部位尽可能光滑。斜坡式橡胶坝的端锚固设在岸墙上，这种形式坝袋在岸墙和底板的连接处易形成褶皱，在护坡式的河道中，与上下游的连接容易处理。

二、橡胶坝组成及其作用

橡胶坝结构主要由三部分组成

1.土建部分

土建部分包括基础底板、边墩（岸墙）、中墩（多跨式）、上下游翼墙、上下游护坡、上游防渗铺盖或截渗墙、下游消力池、海漫等。铺盖常采用混凝土或黏土结构，厚度视不同材料而定，一般混凝土铺盖厚0.3m，黏土铺盖厚不小于0.5m。护坦（消力池）一般采用混凝土结构，其厚度为0.3~0.5m。海漫一般采用浆砌石、干砌石或铅丝石笼，其厚度一般为0.3~0.5m。

（1）底板

橡胶坝底板形式与坝型有关，一般多采用平底板。枕式坝为减小坝肩，在每跨底板端头一定范围内做成斜坡。端头锚固坝一般都要求底板面平直。对于较大跨度的单个坝段，底板在垂直水流方向上设沉降缝，缝距根据《水闸设计规范》（NB/T 35023-2014）中的规定确定。

（2）中墩

中墩的作用主要是分隔坝段，安放溢流管道，支承枕式坝两端堵头。

（3）边墩

边墩的作用主要京挡土，安放溢流管道，支承枕式坝端部堵头。

2.坝体（橡胶坝袋）

用高强合成纤维织物做受力骨架，内外涂上合成橡胶作粘结保护层的胶布，锚固在混凝土基础底板上，成封闭袋形，用水（气）的压力充胀，形成柔性挡水坝。主要作用是挡水，并通过充坍坝来控制坝上水位及过坝流量。橡胶坝主要依靠坝袋内的胶布（多采用锦纶帆布）来承受拉力，橡胶保护胶布免受外力的损害。根据坝高不同，坝袋可以选择一布二胶、二布三胶、三布四胶，采用最多的是二布三胶。一般夹层胶厚0.3~0.5mm，内层覆盖胶大于2.0mm，外层覆盖胶大于2.5mm。坝袋表面上涂刷耐老化涂料。

3.控制和安全观测系统

控制和安全观测系统包括充胀和坍落坝体的充排设备、安全及检测装置。

三、橡胶坝设计要点

1.坝址选择

设计时应根据橡胶坝特点和运用要求，综合考虑地形、地质、水流、泥沙、环境影响等因素，经过技术经济比较后确定坝址；宜选在河段相对顺直、水流流态平顺及岸坡稳定的河段；不宜选在冲刷和淤积变化大、断面变化频繁的河段；同时，应考虑施工导流、交通运输、供水供电、运行管理、坝袋检修等条件。

2.工程布置

力求布局合理、结构简单、安全可靠、运行方便、造型美观。宜包括土建、坝体、充排和安全观测系统等；坝长应与河（渠）宽度相适应，坍坝时应能满足河道设计行洪要求，单跨坝长度应满足坝袋制造、运输、安装、检修以及管理要求；取水工程应保证进水口取水和防沙的可靠性。

3.坝袋

作用在坝袋上的主要设计荷载为坝袋外的静水压力和坝袋内的充水（气）压力。

设计内外压比。值的选用应经技术经济比较后确定。充水橡胶坝内外压比值宜选用1.25～1.60；充气橡胶坝内外压比值宜选用0.75～1.10。

坝袋强度设计安全系数充水坝应不小于6.0，充气坝应不小于8.0。

坝袋袋壁承受的径向拉力应根据薄膜理论按平面问题计算。

坝袋袋壁强度、坝袋横断面形状、尺寸及坝体充胀容积的计算。

坝袋胶布除必须满足强度要求外，还应具有耐老化、耐腐蚀、耐磨损、抗冲击、抗屈挠、耐水、耐寒等性能。

4.锚固结构

锚固结构形式可分为螺栓压板锚固、楔块挤压锚固以及胶囊充水锚固三种。应根据工程规模、加工条件、耐久性、施工、维修等条件，经过综合经济比较后选用。

锚固构件必须满足强度与耐久性的要求。

锚固线布置分单锚固线和双锚固线两种。采用岸墙锚固线布置的工程应满足坍坝时坝袋平整不阻水，充坝时坝袋褶皱较少的要求。

对于重要的橡胶坝工程，应做专门的锚固结构试验。

5.控制系统

坝袋的充胀与排放所需时间必须与工程的运用要求相适应。

坝袋的充排有动力式和混合式。应根据工程现场条件和使用要求等确定。

充水坝的充水水源应水质洁净。

充排系统的设计包括动力设备、管路、进出水（气）口装置等。

（1）动力设备的设计应根据工程情况、运用管理的可靠性、操作方便等因素，经济合理地选用水泵或空压机的容量及台数。重要的橡胶坝工程应配置备用动力设备。

（2）管路设计应与充、排水（气）时间相适应，做到布置合理、运行可靠及维修方便，具有足够的充排能力。

（3）充水坝袋内的充（排）水口宜设置两个水帽，出口位置应放在能排尽水（气）的地方并在坝内设置导水（气）装置。

（4）寒冷地区管路埋设应满足防冻要求。

6.安全与观测设备

安全设备设置应满足下列要求：

（1）充水坝设置安全溢流设备和排气阀，坝袋内压不超过设计值；排气阀装设在坝袋两端顶部。

（2）充气坝设置安全阀、水封管或U形管等充气压力监测设备。

（3）对建在山区河道、溢流坝上或有突发洪水情况出现的充水式橡胶坝，宜设自动坍坝装置。

观测装置设置宜满足下列要求：

（1）橡胶坝上、下游水位观测，设置连通管或水位标尺，必要时亦可采用水位传感器。

（2）坝袋内压力观测设置，充水坝采用坝内连通管；充气坝安装压力表，对重要工程应安装自动监测设备。

7.土建工程

橡胶坝土建工程应包括基础底板、边墩（岸墙）、中墩（多跨式）、上下游翼墙、上下游护坡、上游防渗铺盖或截渗墙、下游消力池、海漫等。

作用在橡胶坝上的设计荷载可分为基本荷载和特殊荷载两类。

基本荷载：结构自重、水重、正常挡水位或坝顶溢流水位时的静水压力、扬压力（包括浮托力和渗透压力）、土压力、泥沙压力等。

特殊荷载：地震荷载及温度荷载等。

坝底板、岸墙（中墩）应根据地基条件、坝高及上、下游水位差等确定其地下轮廓尺寸。其应力分析应根据不同的地基条件，参照其他规范进行计算；稳定计算可只作防渗、抗滑动计算。

橡胶坝应尽量建在天然地基上；对建在较弱地基上的橡胶坝应进行基础处理。

上、下游护坡工程应根据河岸土质及水流流态分别验算边坡稳定及抗冲能力。护坡长度应大于河底防护的范围。

消力池（护坦）、海漫、铺盖除应满足消能防冲外，还应考虑减轻和防止坝袋振动。对经常溢流的橡胶坝工程，宜设陡坡段与下游消力池（护坦）衔接。应根据运用条件选择最不利的水位和流量组合进行消能防冲计算。

充气橡胶坝的消能防冲计算，应考虑坍坝时坝袋出现凹口引起单宽流量增大的因素。

控制室应满足机电设备布置和操作运行及管理需要，室内地面高程应高于校核洪水位。地下泵房应作防渗、防潮处理。

在已建拦河坝顶或溢洪道上加建橡胶坝时，应对原工程抬高水位后进行稳定及应力校核，并应考虑上游淹没影响和不得降低原有防洪标准。

采用堵头式锚固的橡胶坝应采取有效措施防止端部坍肩。

四、土建工程施工

1.基坑开挖

基坑开挖宜在准备工作就绪后进行，对于沙砾石河床，一般采用反铲挖掘机挖装，自卸汽车运至弃渣区。要求预留一定厚度（20～30cm）的保护层，用人工挖清理至设计高程。

对于坝基础石方开挖，应自上而下进行。设计边坡轮廓面可采用预裂爆破或光面爆破，高度较大的边坡应考虑分台阶开挖；基础岩石开挖时，应采取分层梯段爆破；紧邻水平建基面，可预留保护层进行分层爆破，避免产生大量的爆破裂隙，损害岩体的完整性；设计边坡开挖前，应及时做好开挖边线外的危石处理、削坡、加固和排水等工作。

在开挖过程中，对于降雨积水或地下水渗漏，必须及时抽干，不得长期积水；若地基不满足设计要求，要开挖进行处理，并防止产生局部沉陷。侧墙开挖要严防塌方，以免影响工期。泵房施工及设备安装参照《水利泵站施工及验收规范》（GB/T5

1033—2014），并注意防渗要求，使橡胶坝能正常运行操作。

2.混凝土施工

主要有坝底板、上游防渗铺盖、下游消力池、边墩（中墩）等混凝土施工。一般从岸边向中间跳仓浇筑，先浇筑坝基混凝土，再浇上游防渗铺盖混凝土、下游消力池混凝土。

坝底板混凝土施工流程：基础开挖→垫层混凝土→供排水管道安装→钢筋制作与安装→埋件与止水安装→模板安装→混凝土浇筑→拆模养护等。混凝土入仓时，注意吊罐卸料口接近仓面，缓慢下料，可采用台阶法或斜层铺筑法，避免扰动钢筋或预埋件。先浇筑沟槽，再浇筑底板。振捣时严禁接触预埋件及钢管。

边墩（中墩）混凝土施工流程：基础开挖→混凝土垫层→供排水管道安装→基础钢筋制作与安装→基础预埋件与止水安装→基础模板制作与安装→基础混凝土浇筑→墩墙钢筋制作与安装→墩墙模板安装→墩墙混凝土浇筑→拆模养护等。边墩（中墩）混凝土施工同坝底板混凝土施工，一般先浇筑基础混凝土，后浇墩墙混凝土。墩墙混凝土施工时，在墙体顶部设置下料漏斗，均匀下料，分层振捣密实。

止水安装如橡皮止水带（条）、铝皮止水等按设计要求进行。施工中按尺寸加工成型，拼组焊接。防止止水卷曲和移位，严禁止水上钉铁钉、穿孔。

3.埋件和锚固

（1）预埋件安装

埋件安装有埋设在一期混凝土、地下和其他砌体中的预埋件，包括供排水管和套管、电气管道及电缆，设备基础、支架、吊架、坝袋锚固螺栓、垫板锚钩等固定件，接地装置等预埋件。

坝袋埋件主要有锚固螺栓和垫板。当坝底板立模、扎筋完成后，应在钢筋上放出锚固槽位置，将垫板按要求摆放到位，在两端焊拉线固定架，拉线确定垫板的中心线和高程控制线，把垫板上抬至设计高程，中心对中然后焊接固定，再进行统一测量和检查调整。全部垫板安装完毕并检查无误后，可将锚固螺栓自下向上穿入垫板锚栓孔内，测量高程，调整垂直度和固定。

锚固螺栓和垫板全部安装完成以后，可安装锚固槽模板和浇筑混凝土。

（2）锚固施工

锚固结构形式可分为螺栓压板锚固和模块挤压锚固。

螺栓压板锚固的施工。在预埋螺栓时，可采用活动木夹板固定螺栓位置，用经纬仪测量，螺栓中心线要求成一直线。用水准仪测定螺栓高度，无误差后用木支撑将活动木夹板固定于槽内，再用一根钢筋将所有的钢筋和两侧预埋件焊接在一起，使螺栓首先牢固不动，然后才可向槽内浇筑混凝土。混凝土浇筑一般分为两期：一期混凝土浇筑至距锚固槽底100mm时，应测量螺栓中心位置高程和间距，发现误差及时纠正；二期混凝土浇筑后，在混凝土初凝前再次进行校核工作。压板除按设计尺寸制造外，还要制备少量尺寸不同规格的压板，以适用于拐角等特殊部位。

楔块锚固。必须在基础底板上设置锚固槽，槽的尺寸允许偏差为±5mm，槽口线和槽底线一定要直，槽壁要求光滑平整无凸凹现象。为了便于掌握上述标准，可采用二期混凝土施工。二期混凝土预留的范围可宽一些。浇筑混凝土模块，要严格控制尺寸，允许偏差为小于2mm；特别应保证所有直立面垂直；前模块与后模块的斜面必须吻合，其斜坡角度一般取75°。

锚固线布置分单线锚固、双线锚固两种。单线锚固只有上游一条锚固线，锚线短，锚固件少，但多费坝袋胶布，低坝和充气坝多采用单线锚固。由于单线锚固仅在上游侧锚固，坝袋可动范围大，对坝袋防振防磨损不利，尤其在坝顶溢流时，有可能在下游坝脚处产生负压，将泥沙（或漂浮物）吸进坝袋底部，造成坝袋磨损。双线锚固是将胶布分别锚固于四周，锚线长，锚固件多，安装工作量大相应地处理密封的工作量也大，但由于其四周锚固，坝袋可动范围小，有利于坝袋防振防磨损。

五、坝袋安装

1.安装前检查

坝袋安装前的检查主要有：

（1）模块、基础底板及岸墙混凝土的强度必须达到设计要求。

（2）坝袋与底板及岸墙接触部位应平整光滑。

（3）充排管道应畅通，无渗漏现象。

（4）预埋螺栓、垫板、压板、螺、帽（或锚固槽、模块、木芯）、进出水（气）口、排气孔、超压溢流孔的位置和尺寸应符合设计要求。

（5）坝袋和底垫片运到现场后，应结合就位安装首先复查其尺寸和搬运过程中有无损伤，如有损伤应及时修补或更换。

2.坝袋安装顺序及要求

（1）底垫片就位（指双锚线型坝袋）

对准底板上的中心线和锚固线的位置，将底垫片临时固定于底板锚固槽内和岸墙上，按设计位置开挖进出水口和安装水帽，孔口垫片的四周作补强处理，补强范围为孔径的3倍以上；为避免止水胶片在安装过程中移动，最好将止水胶片粘贴在底垫片上。

（2）坝袋就位

底垫片就位后，将坝袋胶布平铺在底垫片上，先对齐下游端相应的锚固线和中心线，再使其与上游端锚固线和中心线对齐吻合。

（3）双线锚固型坝袋安装

按先下游，后上游，最后岸墙的顺序进行。先从下游底板中心线开始，向左右两侧同时安装，下游锚固好后，将坝袋胶布翻向下游，安装导水胶管，然后再将胶布翻向上游，对准上游锚固中心线，从底板中心线开始向左右两侧同时安装。锚固两侧边墙时，须将坝袋布挂起撑平，从下部向上部锚固。

（4）单线锚固型坝袋的安装

单线锚固只有上游一条锚固线，锚固时从底板中心线开始，向两侧同时安装。先安装底层，装设水帽及导水胶管，放置止水胶，再安装面层胶布。

（5）堵头式橡胶坝袋的安装

先将两侧堵头裙脚锚固好；从底板中线开始，向两侧连续安装锚固。为了避免误差集中在一个小段上，坝袋产生褶皱，不论采用何种方法锚固，锚固时必须严格控制误差的平均分配。

（6）螺栓压板锚固施工步骤

压板要首尾对齐，不平整时要用橡胶片垫平；紧螺帽时，要进行多次拧紧，坝袋充水试验后，再次拧紧螺帽；紧螺帽时宜用扭力扳手，按设定的扭力矩逐个螺栓进行拧紧；卷入的压轴（木芯或钢管）的对接缝应与压板接缝处错开，以免出现软缝，造成局部漏水。

（7）混凝土模块锚固施工步骤

将坝袋胶布与底垫片卷入术芯，推至锚固槽的半圆形小槽内；逐个放入前模块，一个前模块在两头处打入木模块，在前模块中间放入后模块，用大铁锤边打木模块，边打后模块，反复敲打使后模块达到设计深度并挤紧时，才将术模块撬换上另两块后模块，如此反复进行；当锚固到岸墙与底板转角处，应以锚固槽底高程为控制点，坝袋胶布可在此处放宽300mm左右，这样坝袋胶布就可以满足槽底最大弧度要求。

六、控制、安全和观测系统

1.控制系统

控制系统由水泵（鼓风机或空压机）、机电设备、传感器、管道和阀门等组成。其施工安装要求较高，任何部位漏水（气）都会影响坝袋的使用，在安装中应注意下列事项：

（1）所有闸阀在安装前，都要做压力试验，不漏水（气）才能安装使用。所有仪表在安装前应经调试校验。

（2）充水式橡胶坝的管道大部分用钢管，其弯头、三通和闸阀的连接处均用法兰、橡胶圈止水连接，尽可能用厂家产品。管道在底板分缝处，应加橡胶伸缩节与固定法兰连接。

（3）充气式橡胶坝的管道均采用无缝钢管，为节省管道，进气和排气管路可采用一条主供、排气管。管与管之间尽可能用法兰连接，坝袋内支管与坝袋内总管连接采用三通或弯头。排气管道上设置安全阀，当主供气管内压力超过设计压力时开始动作，以防坝袋超压破坏。另外要在管道上设置压力表，以监测坝袋内压力，总管与支管均设阀门控制。

2.安全系统

安全系统由超压溢流孔、安全阀、压力表、排气孔等组成，该系统的施工要求严密，不得有漏水（气）现象。安装时注意以下几点：

（1）密封性高的设备都要在安装前进行调试，符合设计要求方能安装使用。

（2）安全装置应设置在控制室内或控制室旁，以利随时控制。

（3）超压管的设置，其超压排水（气）能力应不小于进坝的供水（气）量。

3.观测系统

观测系统由压力表、内压检测、上下游水位观测装置等组成，施工中应注意以下几点：

（1）施工安装时一定要掌握仪器精度，要保证其灵活性、可靠性和安全性。

（2）坝袋内压的观测要求独立管理，直接从坝内引管观测，上、下游水位观测要求独立埋管引水，取水点尽量离上下游远点。

（3）坝袋的经纬向拉力观测，要求厂家提供坝袋胶布的伸长率曲线。

七、工程检查与验收

（1）施工期间应检查坝袋、锚固螺栓或模块标号及外形尺寸、安装构件、管道、操作设备的性能。

（2）检查施工单位提供的质量检验记录和分部分项工程质量评定记录，同时需进行抽样检查。

（3）坝袋安装后，必须进行全面检查。在无挡水的条件下，应做坝袋充坝试验；若条件许可，还应进行挡水试验。整个过程应进行下列项目的检查：

1）坝袋及安装处的密封性。

2）锚固构件的状况。

3）坝袋外观观察及变形观测。

4）充排、观测系统情况。

5）充气坝袋内的压力下降情况。

（4）充坝检查后，应排除坝袋内水（气）体，重新紧固锚固件。

（5）坝袋以设计坝高为验收标准。验收前的管理维护工作如下：

1）工程验收前，应由施工单位负责管理维护。

2）对工程施工遗留问题，施工单位必须认真加以处理，并在验收前完成。

3）工程竣工后，建设单位应及时组织验收。

第四节　渠道混凝土衬砌机械化施工

一、混凝土机械衬砌的优点

大断面渠道衬砌，衬砌混凝土厚度一般较小，在 8～15cm，混凝土面积较大，但不同于大体积混凝土施工，目前国内外基本可以分为人工衬砌和机械衬砌。由于人工衬砌速度较慢，质量不均一，施工缝多，逐渐被机械化衬砌所取代。

渠道混凝土机械衬砌施工的优点可归纳如下：

（1）衬砌效率高，一般可达到 200m²/h，约 20m；

（2）衬砌质量好，混凝土表面平整、光滑，坡脚过度圆滑、美观，密实度、强度也符合设计要求；

（3）后期维修费用低。

二、衬砌坡面修整

渠道开挖时，渠坡预留约 30cm 的保护层。在衬砌混凝土浇筑前，需要根据渠坡地质条件选用不同的施工方法进行修整。

坡脚齿墙按要求砌筑完后，方可进行削坡。削坡分三步进行：

1. 粗削

削坡前先将河底塑料薄膜铺设好，然后，在每一个伸缩缝处，按设计坡面挖出一条槽，并挂出标准坡面线，按此线进行粗削找平，防止削过。

2.细削

是指将标准坡面线下混凝土板厚的土方削掉。粗削大致平整后，在两条伸缩缝中间的三分点上加挂两条标准坡面线，从上到下挂水平线依次削平。

3.刮平

细削完成后，坡面基本平整，这时要用3～4m长的直杆（方木或方铝），在垂直于河中心线的方向上来回刮动，直至刮平。

清坡的方法：

人工清坡。在没有机械设备的条件下，可以使用人工清坡，在需要清理的坡面上设置网格线，根据网格线和坡面的高差，控制坡面高程。根据以往的施工经验，在大坡面上即使严格控制施工质量误差在±3cm。这个误差对于衬砌厚度只有8～10cm厚度的混凝土来说，是不允许的。即使是有垫层，也不能满足要求。对于坡长更长的坡面，人工清坡质量是难以控制的。

螺旋式清坡机。该机械在较短的坡面上（不大于10m）效果较好，通过一镶嵌合金的连续螺旋体旋转，将土体进行切削，弃土可以直接送至渠顶，但在过长的坡面上不适应，因为过长的螺旋需要的动力较大，且挠度问题难以解决。

滚齿式。该清坡机沿轨道顺渠道轴线方向行走，一定长度的滚齿旋转切削土体，切削下来的土体抛向渠底，形成平整的原状土坡面。一幅结束后，整机前移，进行下一幅作业。

先由一台削坡机粗削坡，削坡机保留3～4mm的保护层。待具备浇筑条件时，由另一台削坡机精削坡一次修至设计尺寸，并及时铺设保温防渗层。

超挖的部位用与建基面同质的土料或沙砾料补坡，采用人工或小型碾压机械压实。对于因雨水冲刷或局部坍塌的部位，先将坡面清理成锯齿状，再进行补坡。补坡厚度高出设计断面，并按设计要求压实。可采用人工方式也可以使用与衬砌机配套使用的专用渠道修整机精修坡面。

渠坡修整后的平整度对保温板铺设的影响较大，土质边坡宜采用机械削坡以保证良好的平整度。

三、沙砾或者胶结沙砾垫层、保温层、防渗层铺设

1.沙砾或者胶结沙砾垫层铺设

根据设计要求渠坡需要铺设沙砾料垫层。垫层沙砾料要求质地坚硬、清洁、级配良好。铺料厚度、含水率、碾压方法及遍数通常根据现场试验确定。铺料及碾压可采用横向振动碾压衬砌机一次完成。

采用垫层摊铺机可连续将沙砾或者胶结沙砾料摊铺在坡面和坡脚上，摊铺机振动梁系统同步将其密实成型，工效高，质量好。摊铺后，垫层密实度和坡面、坡脚表面形状误差均可满足设计要求。

垫层铺设后采用灌水（砂）法取样作相对密度检验。每600m²或每压实班至少检测一次，每次测点不少于3个，坡肩、坡脚部位均设测点，检查处人工分层回填捣实。

沙砾料或沙料削坡按渠道削坡的有关要求执行。

2.保温层铺设

为满足抗冻（胀）要求，北方冬季低温地区的渠道混凝土衬砌下铺设保温层，保温材料通常采用聚苯乙烯泡沫塑料板。保温板是否紧贴建基面对衬砌面板混凝土能否振捣密实有较大影响。

外观完整，色泽与厚度均匀，表面平整清洁，无缺角、断裂、明显变形。保温板应错缝铺设，平整牢固，板面紧贴渠床，接缝紧密平顺，两板接缝处的高差不大于2mm。板与板之间、板与坡面基础之间紧密结合，聚苯乙烯保温板位置放好后用U形卡从板面钉入砂砾料层固定（梅花状布置），铺好的板上面严禁穿戴钉鞋行走，铺板完成后、铺设复合土工膜之前同样对保温板的接缝、平整度进行检查，平整度控制在±5mm，使用2m靠尺进行检查，接缝控制在0~2mm。

3.防渗层铺设

（1）复合土工膜铺设

复合土工膜施工之前首先做焊接试验，焊接抗拉强度至少不能低于母材的80%，从试验得出适应与现场实际操作、施工的一些技术参数。

铺设时由坡肩自上而下滚铺至坡脚，中间不出现纵向连接缝。渠坡和渠底结合部以及和下段待铺的复合土工膜部位预留50~80cm搭接长度，坡肩处根据设计蓝图预留80cm复合土工膜的长度。复合土工膜在铺设时先将土工膜按尺寸、匹幅铺好，膜与膜之间不能有褶皱，复合土工膜垂直于水流方向铺设，膜与膜重合10cm进行焊接。铺时将焊接接头预留好后用剪刀剪断。土工膜铺好后进行固定，使用沙袋或其他重物将其压紧。

（2）复合土工膜裁剪

复合土工膜裁剪时以长木条作参照划线引导，保证裁剪后边缘整齐平顺，使用记号笔按照要求的最少搭接界限标识在接缝处上下两张膜上，保证焊接后的搭接宽度。

遇到建筑物时根据建筑物尺寸在复合土工膜上进行标识，并根据土工膜与建筑物的粘结宽度进行裁剪。

（3）复合土工膜与建筑物粘接

若复合土工膜与墩、柱、墙等建筑物进行粘接，粘接宽度不小于设计要求，建筑物周围复合土工膜充分松弛。保证土工膜与建筑物粘结牢固，防水密封可靠，对土工膜或墩柱进行涂胶之前，将涂胶基面清理干净，保持干燥。涂胶均匀布满粘结面，不出现过厚、漏涂现象。粘结过程和粘结后2h内粘结面不承受任何拉力，并保证粘结面不发生错动。

（4）复合土工膜连接

1）连接顺序

缝合底层土工布、热熔焊接或粘接中层土工膜、缝合上层土工布。

2）土工膜热熔焊接

采用热合爬行机焊接。每天施工前均先作工艺试验，确定当天焊机的温度、速度、档位等工作参数。施工时应根据天气情况适时调整。环境气温在5~35℃，进行正常焊接。气温低于5℃时，焊接前对搭接面进行加热处理。当环境温度和不利的天气条件严重影响土工膜焊接时，不作业；焊接机械采用 ZPH-501 或 ZPH-210 型土工膜焊接机，温度控制在 420～450℃，焊机挡位控制在 3～3.5 挡，焊机行走速度控制在 4.4～4.8m/min，保证不出现虚焊，漏焊和超量焊等现象。

土工膜焊接前将土工膜焊接面上的尘土、泥土、油污等杂物清理干净，水汽用吹风机吹干，保证焊接面清洁干燥。多块土工膜连接时，接头缝相互错开 100cm 以上，焊接形成"T"字型结点，不出现"十"字型。

采用双焊缝焊接。双焊缝宽度采用 2×10mm，搭接宽度 10cm，焊缝间留有约 1cm 的空腔。在焊接过程中和焊接后 2h 内，保证焊接面不承受任何拉力及焊接面错动。

当施工中焊缝出现脱空、收缩起皱及扭曲鼓包等现象时，将其裁剪剔除后重新进行焊接。出现虚焊、漏焊时，用特制焊枪补焊。

焊机定期进行保养和维护，及时清理杂物。

3）土工布缝合

将上层土工布和中层土工膜向两侧翻叠，先将底层土工布铺平、搭接、对齐，进行缝合。土工布缝合采用手提缝包机，缝时针距控制在 6mm 左右，保证连接面松紧适度、自然平顺，土工膜与土工布联合受力。上层土工布缝合方法与下层土工布缝合方法相同，土工布缝合强度不低于母材的 70%。

（5）复合土工膜保护措施

复合土工膜专车运输。装卸、搬运时不拖拉、硬拽，不使用任何可能对复合土工膜造成损伤的机具，避免尖锐物刺伤；复合土工膜铺设人员穿软底鞋，严禁穿硬底鞋或穿钉鞋作业；铺设好的复合土工膜由专人看管。严禁在复合土工膜上进行一切可能引起复合土工膜损坏的施工作业；堤顶预留的土工膜及时挖槽用土封压，坡脚部位土工膜用彩条布包裹并用沙袋覆压保护，衬砌混凝土浇筑时，保证模板的支立和固定不造成复合土工膜破坏，采用在模板的辅助装置上压置重物、设置支撑等方法支立和固定模板；铺设过程中，采用砂袋或软性重物压重的方法，防止大风对已铺设土工膜造成破坏；施工现场严禁烟火，电气焊作业远离复合土工膜。

四、浇筑衬砌

渠坡混凝土浇筑衬砌是渠道工程的核心工作内容。

渠道衬砌按部位不同可分为渠坡衬砌和渠底衬砌，按地质条件不同可分为石渠、土渠、砂砾石渠道衬砌以及膨胀土、湿陷性黄土地区的渠道衬砌。石渠段由于边坡较陡，现有渠道衬砌机尚不能满足使用要求。土质渠段和砂砾石渠段边坡通常较缓（1:2～1:3），采用衬砌机可取得良好效果。对于渠底衬砌，采用传统的人工拖模施工方法或专用的摊铺设备即可满足进度和质量要求。

针对渠道衬砌混凝土面板超薄无筋、施工强度高、速度快、受气候因素影响大等特点，采用机械化施工的衬砌混凝土配合比应专门研究确定，保证混凝土下料后不分离，振捣后密实均匀。衬砌混凝土浇筑前宜进行生产性施工检验，以便验证混凝土配合比、衬砌设备工作参数及施工工艺的合理性。施工过程中，各类技术参数应根据地质、气候等实际情况适时调整。

1.准备工作

砂砾料防冻胀层、聚苯乙烯保温板和复合土工膜经验收合格；校核基准线；拌和系统运转正常，运输车辆准备就绪；工作台车、养护洒水车等辅助施工设备运转正常；衬砌机设定到正确高度和位置；检查衬砌板厚的设置，板厚与设计值的允许偏差为 $-5\% \sim +20\%$。

2. 衬砌机的安装

国内衬砌机均为采用轨道式，控制好轨道线是衬砌机定位的关键。根据设计渠道纵轴线、渠道断面尺寸和衬砌机的特性，用全站仪放出渠顶和渠底的轨道中心线，及轨道顶面高程，人工精心铺设。轨道基底要求平整、密实便于控制渠坡衬砌厚度，渠底有地下水的情况必须先对地基进行相应处理（局部换填或浇筑混凝土垫层），避免轨道基底沉陷影响衬砌质量。

3. 模板安装

完成土工膜铺设后开始侧模安装，测量放样出面板横缝位置线和面板顶面及底面线，严格按设计线控制其平整度，不出现陡坎接头。侧模及端头模板均采用10#槽钢安装模板时，在背面钢筋上加压砂袋对模板进行固定。齿槽和坡肩侧模板采用定型钢模板，混凝土衬砌施工过程中测量人员随时对模板进行校核，保证混凝土分缝顺直。

4. 混凝土拌制

渠道混凝土所用的原材料，如水泥、粉煤灰、砂石骨料、外加剂等原材料要符合设计和有关规范要求。衬砌混凝土配合比由试验室提供，保证满足耐久性、强度和经济性等基本要求，并适应机械化施工的工作性要求。骨料的最大粒径不大于衬砌混凝土板厚度的1/3。混凝土拌合物的坍落度为 $7 \sim 9cm$。

衬砌混凝土的用水量、砂率、水灰比及掺料比例通过优化试验确定。配合比参数不得随意变更，当气候和运输条件变化时，微调水量，维持入仓坍落度不变，保证衬砌混凝土机械化施工的工作性。

外加剂采用后掺法掺入，以液体形式掺加，其浓度和掺量根据配合比试验确定。混凝土的拌制时间通过试验确定，混凝土随拌、随运、随用，因故发生分离、漏浆、严重泌水、坍落度降低等问题时，在浇筑现场重新拌合，若混凝土已初凝，作废料处理。

衬砌厚度的控制由衬砌机的液压升降支腿和内置的模板进行调节控制，轨道铺设纵坡比率与渠道的纵坡比率一致，在衬砌过程中使用自制的高程标签插入已铺好的混凝土中检查衬砌厚度（包括虚铺厚度及压光后的厚度），坡肩、坡面、坡脚处均设侧点，如发现厚度有误差及时进行调整。

5. 衬砌混凝土浇筑

在混凝土衬砌基层检查合格后，进行混凝土衬砌施工。混凝土熟料由混凝土搅拌车运输至布料机进料口，采用螺旋布料器布料，开动螺旋输料器均匀布置。开动振动器和纵向行走开关，边输料边振动，边行走。布料较多时，开动反转功能，将混凝土料收回。布料宽度达到 $2 \sim 3m$ 时，开动成型机，启动工作部分开始二次振捣、提浆、整平。施工时料位的正常高度应在螺旋布料器叶片最高点以下，保证不缺料。30cm段护顶混凝土与渠坡混凝土一次成型。使用滑膜衬砌机时完成一段渠坡衬砌后往前行进。用同衬砌厚度相同的槽钢作为上下边模板，安装在上口设计水平段外边线和坡脚齿槽外边线处，并用钢筋桩与底基定位。防止边脚混凝土坍塌变形。

滑模衬砌机施工出现的局部混凝土面缺陷由人工进行修补，保证衬砌面的平整。

混凝土浇筑过程中应高度重视振捣工艺，确保混凝土振捣密实、表面出浆，避免漏振、过振或欠振，浇筑后应避免扰动，严禁踩踏。渠底混凝土浇筑时，要避免雨水、渠坡养护水、地下水等外来水流入仓位，影响混凝土浇筑质量或对已浇筑完成的混凝土造成破坏。渠底混凝土严重的泌水问题通常会导致成品混凝土遭受冻融或表面剥蚀损坏，施工时应采取恰当的处理措施。

当衬砌机出现故障时，立即通知拌和站停止生产，在故障排除衬砌机内混凝土尚未初凝时，继续衬砌。停机时间超过2h，及时将衬砌机驶离工作面，清理仓内混凝土，故障出现后对已浇筑的混凝土进行严格的质量检查，并清除分缝位置以外的浇筑物，为恢复衬砌作业作好准备。混凝土终凝后及时铺盖棉毡洒水养护，割缝完成后，进行第二次覆盖。

6.衬砌混凝土表面成型

衬砌混凝土初凝前应采用与混凝土衬砌机配套的专用抹面压光机及时进行抹面压光，表面平整度控制在5mm/2m。

混凝土浇筑完成后要及时提浆抹面，确定合理的收面时机和抹面遍数，既要保证衬砌混凝土面板的平整度，又要避免过度抹光，严禁扰动已初凝的混凝土，杜绝二次洒水、撒灰抹面。

7.养护

衬砌混凝土养护时间与普通混凝土一样，养护方式大致可分为喷雾养护、洒水养护、铺塑料薄膜养护、铺草帘、毡布等保湿养护及养护剂养护等。由于渠道衬砌施工速度快、线路长、面积大、混凝土面板厚度薄、所处环境气候变化大，养护不到位易使混凝土水分散失加快，造成水化作用不充分，从而导致混凝土强度不足、裂缝大量产生。因此，养护工作至关重要，应引起高度重视。

混凝土面层浇筑完毕后及时养护，在纵、横方向均匀洒布养护剂，喷洒要均匀，成膜厚度一致，喷洒时间在表面混凝土泌水完毕后进行，喷洒高度控制在0.5~1m。除喷洒上表面外，板两侧也要喷洒。然后喷洒一次水，覆盖薄膜，养护不少于28d。

8.特殊天气施工

在渠道混凝土衬砌施工过程中如遇到特殊气候条件，要采取应急措施，保证衬砌混凝土施工质量。

（1）风天施工

采取必要的防范措施，防止塑性收缩裂缝产生。适当调整混凝土用水量，增加混凝土出机口的坍落度1~2cm。在衬砌的作业面及时收面并立即养护，对已经衬砌完成并出面的浇筑段及时采取覆盖塑料布等养护措施。

（2）雨天施工

雨季施工要收集气象资料，并制定雨季雨天衬砌施工应急预案。砂石料场做好排水通道，运输工具增加防雨及防滑措施，浇筑仓面准备防雨覆盖材料，以备突发阵雨时遮盖混凝土表面。当浇筑期间降雨时，启动应急预案，浇筑仓面搭棚遮挡防雨水冲刷。降雨停止后必须清除仓面积水，不得带水抹面压光作业。降雨过后若衬砌混凝土尚未初凝，对混凝土表面进行适当的处理后才能继续施工；否则应按施工缝处理。雨后继续施工，需重新检测骨料含水率，并适时调整混凝土配合比中的水量。

（3）高温季节施工

日最高气温超过30℃时，应采取相应措施保证入仓混凝土温度不超过28℃。加强混凝土出机口和入仓混凝土的温度检测频率，并应有专门记录。

高温季节施工可增加骨料堆高，骨料场搭设防晒遮阳棚、骨料表面洒水降温等措施降低混凝土原材料的温度，并合理安排浇筑时间、掺加高效缓凝减水剂、采用加冰或加冰水拌合、对骨料进行预冷等方法降低混凝土的入仓温度。混凝土运输罐车采取防晒措施、混凝土输送带搭建防晒棚等措施降低入仓温度。

（4）低温施工

当日平均气温连续5d稳定在5℃以下或现场最低气温在0℃以下时，不宜施工。如因需要继续施工，应采取措施保证混凝拌合物的入仓温度不低于5℃；当日平均气温低于0℃时，应停止施工。

低温季节施工可增加骨料堆高和覆盖保温方式，掺加防冻剂、热水拌和等措施。拌和水温一般不超过60℃，当超过60℃时，改变拌和加料顺序，将骨料与水先拌和，然后加入水泥拌和，以免水泥假凝。在混凝土拌和前，用热水冲洗拌和机，并将积水或冰水排除，使拌和机体处于正温状态。混凝土拌和时间比常温季节适当延长20%～25%。对混凝土运输车车罐采取保温措施，尽量缩短混凝土运输时间。对衬砌成型的混凝土及时覆盖保温或采取蓄热保温措施保温养护。

五、衬砌质量控制与检测

在衬砌过程中经常检查衬砌厚度，如有误差及时调整。

混凝土初凝前用2m靠尺随时检测平整度。注意坡肩、坡脚模板的保护，确保坡肩、坡脚的顺直。

现场混凝土质量检查以抗压强度为主，并以150mm立方体试件的抗压强度为标准。混凝土试件以出机口随机取样为主，每组混凝土的3个试件应在同一储料斗或运输车箱内的混凝土中取样制作。浇筑地点试件取样数量宜为机口取样数量的10%。同一强度等级混凝土试件取样数量应符合下列要求：

抗压强度：每次开盘宜取样一组，并满足以28d龄期，每100m²成型一组，设计龄期每200m³成型一组的要求；

抗冻、抗渗指标：其数量可按每季度施工的主要部位取样成型1～2组；

抗拉强度：对于28d龄期每2000m³成型一组，设计龄期每3000m³成型一组。

混凝土浇筑施工现场应按班次详细记录本班组衬砌施工的情况。

第五节 生态护坡

生态护坡处于河流生态系统和陆地生态系统的交错带，具有明显的边缘效应，它在满足河流泄洪、排涝以及稳定堤岸的同时，对于维持河床稳定、增加动植物物种种源、提高生物多样性和生态系统生产力、提高河流自净能力、改进邻近地区的微气候、开展休闲娱乐活动等方面均有重要的现实意义和潜在价值。

生态护坡，是综合工程力学、土壤学、生态学和植物学等学科的基本知识对斜坡或边坡进行防护，形成由植物或工程和植物组成的综合护坡系统的护坡技术。开挖边坡形成以后，通过种植植物，利用植物与岩、土体的相互作用（根系锚固作用）对边坡表层进行防护、加固，使之既能满足对边坡表层稳定的要求，又能恢复被破坏的自然生态环境的护坡方式，是一种有效的护坡、固坡手段。

生态护坡技术应该是既满足河道护坡功能，又有利于恢复河道护坡系统生态平衡的系统工程。生态护坡技术可以分为植物护坡和植物工程措施复合护坡技术。植物护坡主要通过植被根系的力学效应（深根锚固和浅根加筋）和水文效应（降低孔压、消弱溅蚀和控制径流）来固土、防止水土流失，在满足生态环境需要的同时，还可以进行景观造景。植物工程复合护坡技术有铁丝网与碎石复合种植基、土木材料固土种植基、三维植被网、水泥生态种植基等形式。

一、生态护坡类型

1.人工种草护坡

人工种草护坡，是通过人工在边坡坡面简单播撒草种的一种传统边坡植物防护措施。多用于边坡高度不高、坡度较缓且适宜草类生长的土质路堑和路堤边坡防护工程。

特点：施工简单、造价低廉等。

缺点：由于草籽播撒不均匀，草籽易被雨水冲走，种草成活率低等原因，往往达不到满意的边坡防护效果，而造成坡面冲沟，表土流失等边坡病害，导致大量的边坡病害整治、修复工程，使得该技术近年应用较少。

2.液压喷播植草护坡

液压喷播植草护坡，是将草籽、肥料、黏着剂、纸浆、土壤改良剂上、色素等按一定比例在混合箱内配水搅匀，通过机械加压喷射到边坡坡面而完成植草施工的。

特点：①施工简单、速度快；②施工质量高，草籽喷播均匀发芽快、整齐一致；③防护效果好，正常情况下，喷播一个月后坡面植物覆盖率可达70%以上，两个月后形成防护、绿化功能；④适用性广。

目前，国内液压喷播植草护坡在水利、公路、铁路、城市建设等部门边坡防护与绿化工程中使用较多。

缺点：①固土保水能力低，容易形成径流沟和侵蚀；②施工者容易偷工减料做假，形成表面现象；③因品种选择不当和混合材料不够，后期容易造成水土流失或冲沟。

3.客土植生植物护坡

客土植生植物护坡，是将保水剂、黏合剂、抗蒸腾剂、团粒剂、植物纤维、泥炭土、腐殖土、缓释复合肥等一类材料制成客土，经过专用机械搅拌后吹附到坡面上，形成一定厚度的客土层，然后将选好的种子同木纤维、黏合剂、保水剂、复合肥、缓释营养液经过喷播机搅拌后喷附到坡面客土层中。

优点：①可以根据地质和气候条件进行基质和种子配方，从而具有广泛的适应性；②客土与坡面的结合牢固；③土层的透气性和肥力好；④抗旱性较好；⑤机械化程度高，速度快，施工简单，工期短；⑥植被防护效果好，基本不需要养护就可维持植物的正常生长。

该法适用于坡度较小的岩基坡面、风化岩及硬质土砂地，道路边坡，矿山，库区以及贫瘠土地。

缺点：要求边坡稳定、坡面冲刷轻微，边坡坡度大的地方，已经长期浸水地区均不适合。

4.平铺草皮

平铺草皮护坡，是通过人工在边坡面铺设天然草皮的一种传统边坡植物防护措施。

特点：施工简单，工程造价低、成坪时间短、护坡功效快施工季节限制少。

适用于附近草皮来源较易、边坡高度不高且坡度较缓的各种土质及严重风化的岩层和成岩作用差的软岩层边坡防护工程。是设计应用最多的传统坡面植物防护措施之一。

缺点：由于前期养护管理困难，新铺草皮易受各种自然灾害，往往达不到满意的边坡防护效果，而造成坡面冲沟、表土流失、坍滑等边坡灾害。导致大量的边坡病害整治、修复工程。近年来，由于草皮来源紧张，使得平铺草皮护坡的作用逐渐受到了限制。

5.生态袋护坡

生态袋护坡，是利用人造土工布料制成生态袋，植物在装有土的生态袋中生长，以此来进行护坡和修复环境的一种护坡技术。

特点：透水、透气、不透土颗粒、有很好的水环境和潮湿环境的适用性，基本不对结构产生渗水压力。施工快捷、方便，材料搬运轻便。

缺点：由于空间环境所限，后期植被生存条件受到限制，整体稳定性较差。

6.混凝土生态护坡

混凝土生态护坡，是由石块、混凝土砌块、现浇混凝土等材料形成网格，在网格中栽植植物，形成网格与植物综合护坡系统，既能起到护坡作用，同时能恢复生态、保护环境。

混凝土生态护坡将工程护坡结构与植物护坡相结合，护坡效果非常好。其中现浇网格生态护坡是一种新型护坡专利技术，具有护坡能力极强、施工工艺简单、技术合理、经济实用等优点，是新一代生态护坡技术，具有很大的实用价值。

二、生态混凝土材料

1.骨料

骨料宜采用单级配，粒径宜控制在 20～40mm。针片状颗粒含量不宜大于 15%，逊径率不宜大于 10%，含泥（粉）总量不宜大于 1%。

2.水泥

生态混凝土应采用通用硅酸盐水泥作为胶凝材料，包括硅酸盐水泥、普通硅酸盐水泥、矿渣硅酸盐水泥、火山灰质硅酸盐水泥、粉煤灰硅酸盐水泥或复合硅酸盐水泥。

3.添加剂

制作用于水上护坡、护岸的生态混凝土，空隙内应添加盐碱改良材料，以改善空隙内生物生存环境。盐碱改良材料应具有下列功能：

（1）不破坏维持混凝土稳定性、耐久性的碱性环境；

（2）避免混凝土析出的盐碱性物质对生态系统的不利影响。

用于水上护坡、护岸的生态混凝土宜添加缓释肥，或通过盐碱改良材料与混凝土析出物相互作用提供植物生长必需元素。

对有抗冻要求的地区，制作生态混凝土时应添加引气减水剂，提高抗冻融能力。

当需进一步提高生态混凝土抗压强度时，可在拌和时加入减水剂或环氧树脂、丙乳等聚合物黏合剂。

三、生态混凝土施工

1.生态混凝土的配合比

生态混凝土的配合比应符合下列规定：

（1）生态混凝土的骨料品种和粒径、水灰比，应满足防护安全要求和构建不同生态系统的需要。

（2）骨料粒径宜为 20～400mm，水泥用量宜为 280～320kg/m²，水灰比不宜大于0.5，必要时应加入减水剂。

（3）采用碎石或砾石作为骨料的生态混凝土，其抗压强度不应小于5MPa。

（4）盐碱改良材料用量应根据营养基和盐碱改良材料的性能综合确定，确保植物一次播种绿化年限不应少于5年。

2.生态混凝土的配制

生态混凝土的配制应符合下列规定：

（1）生态混凝土的拌和宜采取两次加水方式，即先将骨料倒入搅拌设备中，加入用水量的50%，使骨料表面湿润，再加入水泥进行搅拌混合；然后陆续加入的50%用水量继续进行搅拌，以骨料被水泥浆充分包裹、表面无流淌为度。

（2）生态混凝土在运送途中，应避免阳光暴晒、风吹、雨淋，防止形成表面初凝或脱浆。如有表团初凝现象，应进行人工拌和，符合要求后方可入仓。

3.坡式结构施工

坡式结构清基及修坡应符合下列规定：

（1）坡式结构施工前应进行清基和修坡处理，不得有树根、杂草、垃圾、废渣、洞穴及粒径50mm以上的土块。

（2）坡面应平整，无软基，坡面修整的坡比、表面压实度应满足设计要求和生态修复要求。

（3）修整后的坡面无天然可耕作表土时，应根据设计要求，覆盖适合植物生长的土料。

（4）对清除的表土应外运至弃土场，不得重新用于填筑边坡；对可利用的种植土料宜进行集中储备，并采取防护措施。

4.柔性生态护坡

柔性生态护坡工程系统的根植土厚度达 0.3m 以上，完全达到园林规范要求，植被土层的厚度，可为各种草本和木本植物提供良性生长的土壤环境。

柔性生态护坡优点：

（1）结构稳定

自锁结构，整体受力，有很好的稳定性，对冲击力有很好的缓冲作用，抗震性好。生态袋具有透水、透气、不透土的性能，有很好的水环境和潮湿环境的适应性，基本不对结构产生反渗水压力。结构面通过植被的根系同原自然坡面结合成一个有机的整体，不会产生分离和坍塌等现象。对基础处理要求低，对不均匀沉降有很好的适应性，结构不产生温度应力，不需要设置伸缩缝。是永久性有生命的工程，随着时间的延续，植被根系进一步发达，结构的稳定性和牢固性也会进一步地加强。

（2）生态环保

良好的生态环境系统，乔、灌、藤、花、草结合，植被不退化。不使用传统的高耗能材料，不产生建筑垃圾，没有施工噪音污染，能与生态环境很好的融合。植物种子选择多样化，在乡土植物、地带性的前提下，充分发挥植物根系的保土、蓄水、改良环境等功能。绿维生态护坡的广泛应用，比传统做法节约80%以上的能源消耗，可为国家节约数以亿万计的二氧化碳等有害气体排污治理费。

（3）施工快捷

施工快捷方便，施工人员专业技术要求低。管理方便，材料轻便易运易储，运输量比传统做法减少95%以上。

（4）维护费低

良好的生态边坡，植被持久不会退化，不需后期维护费。相比于传统护坡，绿维柔性生态技术为植被生长提供更厚的土壤环境，延长了植被生长时间，减少了修复次数费用。植物土壤改良方便，肥效利用明显提高，减少多次补肥费用，透水透气系统强有利植被生长，节省维护费用。就地取土，进行土壤改良，节省二次搬运费用。

四、生态袋

生态袋护坡系统针对开挖坡度 65°～75°，甚至更大坡度，易发生滑坡和垮塌的边坡，宜采用生态袋生态护坡系统进行防护施工。其核心技术是不可替代的高分子生态袋：用由聚丙烯及其他高分子材料复合制成的材料编织而成，耐腐蚀性强，耐微生物分解，抗紫外线，易于植物生长，使用寿命长达70年的高科技材料制成的护坡材料。主要特点是：它允许水从袋体渗出，从而减小袋体的静水压力；它不允许袋中土壤泻出袋外，达到了水土保持的目的，成为植被赖以生存的介质；袋体柔软，整体性好。

生态袋护坡系统通过将装满植物生长基质的生态袋沿边坡表面层层堆叠的方式在边坡表面形成一层适宜植物生长的环境，同时通过连接配件将袋与袋之间，层与层之间，生态袋与边坡表面之间完全紧密的结合起来，达到牢固的护坡作用，同时随着植物在其上的生长，进一步地将边坡固定然后在堆叠好的袋面采用绿化手段播种或栽植植物，达到恢复植被的目的。由于采用生态袋护坡系统所创造的边坡表面生长环境较好（可达到 30～40cm 厚的土层），草本植物、小型灌木，甚至一些小乔木都可以非常好地生长，能够形成茂盛的植被效果。近年被广泛应用于各种恶劣情况下的边坡防护施工以及其他一些防护和生态修复领域。

施工程序：①施工准备，做好人员、机具、材料准备。挖好基础。②清坡，清除坡面浮石、浮根，尽可能平整坡面。③生态袋填充，将基质材料填装入生态袋内。采用封口扎带或现场用小型封口机封制。④生态袋和生态袋结构扣及加筋格栅的施工，基础和上层形成的结构将生态袋结构扣水平放置两个袋子之间在靠近袋子边缘的地方，以便每一个生态袋结构扣跨度两个袋子，摇晃扎实袋子以便每一个标准扣刺穿袋子的中腹正下面。每层袋子铺设完成后在上面放置木板并由人在上面行走踩踏，这一操作是用来确保生态袋结构扣和生态袋之间良好的联结。铺设袋子时，注意把袋子的缝线结合一侧向内摆放，每垒砌三层生态袋便铺设一层加筋格栅，加筋格栅一端固定在生态袋结构扣。在墙的顶部，将生态袋的长边方向水平垂直于墙面摆放，以确保压顶稳固。⑤绿化施工，喷播：采用液压喷播的方式对构筑好的生态袋墙面进行喷播绿化施工，然后加盖无纺布，浇水养护。栽植灌木：对照苗木带的土球大小，用刀把生态袋切割一"丁"字小口，同时揭开被切的袋片；用花铲将被切位置土壤取出至适合所带土球大小，被取土壤堆置于切口旁边；用枝剪把苗木的营养袋剪开，完全露出土球，适当修剪苗木根系与枝叶；把苗木放到土穴中，然后用花铲将土壤回填到土穴缝边，同时扎土，直到回填完好，并且盖好袋片；对于刚插植完的苗木，必须浇透淋根水；后期按绿化规范管养。

五、三维植被网

1.三维植被网结构

三维植被网是以热塑性树脂为原料，经挤出、拉伸等工序精制而成。它无腐蚀性，化学性稳定，对大气、土壤、微生物呈惰性。

三维植被网的底层为一个高模量基础层，采用双向拉伸技术，其强度高，足以防止植被网变形，并能有效防止水土流失。三维植被网的表层为一个起泡层，膨松的网包以便填入土壤、种上草籽帮助固土，这种三维结构能更好地与土壤相结合。

作用：在边坡防护中使用三维植被能有效地保护坡面不受风、雨、洪水的侵蚀。三维植被网的初始功能是有利于植被生长。随着植被的形成，它的主要功能是帮助草根系统增强其抵抗自然水土流失能力。

2.三维植被网的特点

由于网包的作用，能降低雨滴的冲击能量，并通过网包阻挡坡面雨水的流速，从而有效地抵御雨水的冲刷；网包中的充填物（土颗粒、营养土及草籽等）能被很好地固定，这样在雨水的冲蚀作用下就会减少流失；在边坡表层土中起着加筋加固作用，从而有效地防止了表面土层的滑移；三维植被网能有助于植被的均匀生长，植被的根系很容易在坡面土层中生长固定；三维植被网能做成草毯进行异地移植，能解决需快速防护工程的植被要求。

3.三维网植草防护的特点

使边坡具有较大的稳定性，实施三维网植草后，草根生长与三维网形成地面网系，有效防止地表径流冲刷，而根系深入原状坡面深层，使坡面土层与三维网及草坪共同组成坡面防护体系，对坡面的稳定起到重要的作用；创造一个绿意浓郁的边坡生态环境，改善高速公路的景观，符合现行环境要求；工艺简单，操作方便、施工速度快；经济可行。

4.施工程序与施工工艺

三维网植草是一种新的边坡防护方式，该方法具有工艺操作方便、施工速度快、经济可行的特点，且一般能满足河道边坡防护和美化的要求，其施工程序与工艺如下：

边坡场地处理→挂网→固定→回填土→喷播草籽→覆盖无纺布→养护管理

（1）边坡场地处理

在修整后的坡面上进行场地处理，首先清除石头、杂草、垃圾等杂物然后平整坡面、使坡面流畅并要适当人工夯实。不要出现边坡凹凸不平、松垮现象。

（2）挂网

三维网在坡顶延伸50cm埋入截水沟或土中，然后自上而下平铺到坡肩，网与网间平搭，网紧贴坡面，无皱褶和悬空现象。

（3）固定

选用植mm钢筋和8#铁丝做成的U形钉进行固定，在坡顶、搭接处采用主锚钉固定。坡面其余部分采用辅锚钉固定。坡顶锚钉间距为70cm，坡面锚钉间距为100cm。锚钉规格：主锚钉为（φ6mm钢筋）U形钢钉长20~30cm，宽10cm，辅锚钉为（小8#铁丝）U形铁钉长15~20cm，宽5cm，固定时，钉与网紧贴坡面。

（4）回填土

三维网固定后，采用干土施工法进行回填土，把黏性土、复合肥或沤制肥充分搅拌均匀，并分2~3次人工抛洒在边坡坡面上，第一次抛洒的厚度控制在3~5cm为适，第二次抛洒厚度1~2cm，回填直至覆盖网包（指自然沉降后）。每次抛洒完毕后，在抛洒土壤层的表面机械洒水，机械洒水时，水柱要分散，洒水量不能太多，以免造成新回填土流失，目的是使回填的干土层自然沉降，并要进行适度夯实，防止局部新回填土层与三维网脱离。要求填土后的坡面平整，无网包外露。所选用的黏性土应颗粒均称，显粉末状，无石块与其他杂物存在，肥料可采用进口复合肥（N∶P∶K=15∶15∶15）或堆沤基肥，用肥量：$20g/m^2$。

采用干土施工法具有施工操作简单，对路面不会造成污染等优点。

（5）喷播草籽

喷播草籽：液压喷播绿化技术，其原理及操作方法是应用机械动力，液压传送，将附有促种子萌发小苗木生长的种子附着剂、纸纤维、复合肥、保湿剂、草种子和一定量的清水，溶于喷播机内经过机械充分搅拌，形成均匀的混合液，而通过高压泵的作用，将混合液高速均匀喷射到已处理好的坡面上，附着在地表与土壤种子形成一个有机整体，其集生物能、化学能、机械能于一具有效率高、成本低，劳动强度小，成坪快的优点。

草种配比：根据边坡的自然条件、立地条件、土壤类型等客观因素科学地进行草种配比，使其能在边坡坡面上良好生长，形成"自然、优美"的景观。使用的具体品种及用量视现场而定。

（6）覆盖无纺布

根据施工期间气候情况及边坡的坡度，来确定在喷播表面层盖单层或多层无纺布，以减少因强降水量造成对种子的冲涮，同时也减少边坡表面水分的蒸发，从而进一步改善种子的发芽、生长环境。

（7）养护管理

苗期注意浇水，确保种子发芽、生长所需的水分；适时揭开无纺布，保证草苗生长正常；适当施肥，一般使用进口复合肥，为草坪生长提供所需养分；定时针对性地喷洒农药，定期清除杂草，保证草坪健康生长；成坪后的草坪覆盖率达到95%以上，一片葱绿、无病虫害。

第五章 混凝土工程施工

第一节 料场规划

一、骨料的料场规划

骨料的料场规划是骨料生产系统设计的基础。伴随设计阶段的深入，料场勘探精度的提高，要提出相应的最佳用料方案。最佳用料方案取决于料场的分布、高程，骨料的质量、储量、天然级配、开采条件、加工要求、弃料多少、运输方式、运距远近、生产成本等因素。骨料料场的规划、优选，应通过全面技术经济论证。

砂石骨料的质量是料场选择的首要前提。骨料的质量要求包括强度、抗冻、化学成分、颗粒形状、级配和杂质含量等。水工现浇混凝土粗骨料多用四级配，即 5～20mm、20～40mm、40～80mm、80～120mm（或 150mm）。砂子为细骨料，通常分为粗砂和细砂两级，其大小级配由细度模数控制，合理取值为 2.4～3.20 增大骨料颗粒尺寸、改善级配，对于减少水泥用量，提高混凝土质量，特别是对大体积混凝土的控温防裂具有积极意义。然而，骨料的天然级配和设计级配要求总有差异，各种级配的储量往往不能同时满足要求。这就需要多采或通过加工来调整级配及其相应的产量。骨料来源有三种：①天然骨料，采集天然砂砾料经筛分分级，将富裕级配的多余部分作为弃料；天然混合料中含砂不足时，可用山砂即风化砂补足；②人工骨料，用爆破开采块石，通过人工破碎筛分成碎石，磨细成砂；③组合骨料，以天然骨料为主，人工骨料为辅。人工骨料可以由天然骨料筛出的超径料加工而得，也可以爆破开采块石经加工而成。

搞好砂石料场规划应遵循如下原则：（1）首先要了解砂石料的需求、流域（或地区）的近期规划、料源的状况，以确定是建立流域或地区的砂石生产基地还是建立工程专用的砂石系统。（2）应充分考虑自然景观、珍稀动植物、文物古迹保护方面的要求，将料场开采后的景观、植被恢复（或美化改造）列入规划之中，应重视料源剥离和弃渣的堆存，应避免水土流失，还应采取恢复的措施。在进行经济比较时应计入这方面的投资。当在河滩开采时，还应对河道冲淤、航道影响进行论证。（3）满足水工混凝土对骨料的各项质量要求，其储量力求满足各设计级配的需要，并有必要的富余量。初查精度的勘探储量，一般不少于设计需要量的3倍，详细精度的勘探储量，一般不少于设计需要量的2倍。（4）选用的料场，特别是主要料场，应场地开阔，高程适宜，储量大，质量好，开采季节长，主辅料场应能兼顾洪枯季节，互为备用。（5）选择可采率高，天然级配与设计级配较为接近，用人工骨料调整级配数量少的料场。任何工程应充分考虑利用工程弃渣的可能性和合理性。（6）料场附近有足够的回车和堆料场地，且占用农田少，不拆迁或少拆迁现有生活、生产设施。（7）选择开采准备工作量小，施工简便的料场。

如以上要求难以同时满足，应以满足主要要求，即以满足质量、数量为基础，寻求开采、运输、加工成本费用低的方案，确定采用天然骨料、人工骨料还是组合骨料用料方案。若是组合骨料，则需确定天然和人工骨料的最佳搭配方案。通常对天然料场中的超径料，通过加工补充短缺级配，形成生产系统的闭路循环，这是减少弃料、降低成本的好办法。若采用天然骨料方案，为减少弃料应考虑各料场级配的搭配，满足料场的最佳组合。显然，质好、最大、运距短的天然料场应优先采用。只有在天然料运距太远，成本太高时，才考虑采用人工骨料方案。

人工骨料通过机械加工，级配比较容易调整，以满足设计要求。人工破碎的碎石，表面粗糙，与水泥砂浆胶结强度高，可以提高混凝土的抗拉强度，对防止混凝土开裂有利。但在相同水灰比情况下，同等水泥用量的碎石混凝土较卵石混凝土的和易性和工作度要差一些。

有碱活性的骨料会引起混凝土的过量膨胀，一般应避免使用。当采用低碱水泥或掺粉煤灰时，碱骨料反应受到抑制，经试验证明对混凝土不致产生有害影响时，也可选用。当主体工程开挖渣料数量较多，且质量符合要求时，应尽量予以利用。它不仅可以降低人工骨料成本，还可节省运渣费用，减少堆渣用地和环境污染。

二、天然砂石料开采

20世纪50年代、60年代，混凝土骨料以天然砂石料为主，如三门峡、新安江、丹江口、刘家峡等工程。70年代、80年代兴建的葛洲坝、铜街子、龙羊峡、李家峡等大型水电站和90年代兴建的黄河小浪底水利枢纽，也都采用天然砂石骨料。

按照砂石料场开采条件，可分为水下和陆上开采两类。20世纪50年代到60年代中期，水下开采砂石料多使用120m³/h、链斗式采砂船和50～60m³容量的砂驳配套采运，也有用窄轨矿车配套采运的。水口工程砂石料场含砂率偏高，在采砂船链斗转料点装设筛分机，筛除部分砂子，减少毛料运输。

三、人工骨料采石场

工程实践证明，由于新鲜灰岩具有较好的强度和变形性能，且便于开采和加工，被公认为最佳的骨料料源；其次为正长岩、玄武岩、花岗岩和砂岩；流纹岩、石英砂岩和石英岩由于硬度较高，虽也可做料源，但加工困难并加大生产成本。有些工程还利用主体工程开挖料作为骨料料源。

人工骨料料源有时在含泥量上超标，需在加工工艺流程中设法解决。少数水电工程由于对料源的勘探深度未达到要求，在开工之后曾发生料场不符合要求的情况。

随着大型、高效、耐用的骨料加工机械的发展以及管理水平的提高，人工骨料的成本接近甚至低于天然骨料。采用人工骨料尚有许多天然骨料生产不具备的优点，如级配可按需调整，质量稳定，管理相对集中，受自然因素影响小，有利于均衡生产，减少设备用量，减少堆料场地，同时尚可利用有效开挖料。因此，采用人工骨料或用机械加工骨料搭配的工程越来越多，在实践中取得了明显的技术经济效果。

第二节　骨料开采与加工

一、骨料的开采与加工

骨料的加工主要是对天然骨料进行筛选分级，人工骨料需要通过破碎、筛分加工等。

二、基础处理

对砂砾地基应清除杂物，整平基础面；对于岩基，一般要求清除到质地坚硬的新鲜岩面，然后进行整修。整修是用铁锹等工具去掉表面松软岩石、棱角和反坡，并用高压水进行冲洗，压缩空气吹扫。当有地下水时，要认真处理，否则会影响混凝土的质量。常见的处理方法为：做截水墙拦截渗水，引入集水井一并排出。

对基岩进行必要的固结灌浆，以封堵裂缝、阻止渗水；沿周边打排水孔，导出地下水，在浇筑混凝土时埋管，用水泵排出孔内积水，直至混凝土初凝，7天后灌浆封孔；将底层砂浆和混凝土的水灰比适当降低。

三、施工缝处理

施工缝是指浇筑块之间新老混凝土之间的结合面。为了保证建筑物的整体性，在新混凝土绕筑前，必须将老混凝土表面的水泥膜（又称乳皮）清除干净，并使其表面新鲜整洁、有石子半露的麻面，以利于新老混凝土的紧密结合。但对于要进行接缝灌浆处理的纵缝面，可不凿毛，只需冲洗干净即可。

施工缝的处理方法有以下几种：

1. 风砂枪喷毛

将经过筛选的粗砂和水装入密封的砂箱，并推入压缩空气。高压空气混合水砂，经喷砂嘴喷出，把混凝土表面喷毛。一般在混凝土浇筑后24~48h开始喷毛，视气温和混凝土强度增长情况而定。如能在混凝土表层喷洒缓凝剂，则可减少喷毛的难度。

2. 高压水冲毛

在混凝土凝结但尚未完全硬化以前，用高压水（压力0.1~0.25MPa）冲刷混凝土表面，形成毛面；对龄期稍长的，可用压力更高的水（压力0.4~0.6MPa），有时配以钢丝刷刷毛。高压水冲毛关键是掌握冲毛时机，过早会使混凝土表面松散和冲去表面混凝土；过迟则混凝土变硬，不仅增加工作困难，而且不能保证质量。一般而言，春秋季节，在浇筑完毕后10~16h开始；夏季掌握在6~10h；冬季则在18~24h后进行。如在新浇混凝土表面洒刷缓凝剂，则可延长冲毛时间。

3.刷毛机刷毛

在大而平坦的仓面上，可用刷毛机刷毛，它装的旋转的粗钢丝刷和吸收浮渣的装置，利用粗钢丝刷的旋转刷毛，并利用吸渣装置吸收浮渣。

4.风镐凿毛或人工凿毛

对已经凝固的混凝土利用风镐凿毛或石工工具凿毛，凿深约 1~2cm，然后用压力水冲净。凿毛多用于垂直缝仓面清扫。应在即将浇筑新混凝土前进行，以清除施工缝上的垃圾和灰尘，并用压力水冲洗干净。

喷毛、冲毛和刷毛适用于尚未完全凝固的混凝土水平缝面的处理。全部处理完后，需用高压水清洗干净，要求缝面无尘、无渣，然后再盖上麻袋或草袋进行养护。

四、仓面准备

浇筑仓面的准备工作，包括机具设备、劳动组合、材料的准备等，应事先安排就绪；仓面施工的脚手架应检查是否牢固，电源开关、动力线路是否符合安全规定；照明、风水电供应、所需混凝土及工作平台、安全网、安全标识等是否准备就绪。地基或施工缝处理完毕并养护一定时间后，在仓面进行放线，安装模板、钢筋和预埋件。

五、模板、钢筋及预埋件检查

当已浇好的混凝土强度达到 2.5MPa 后，可进行脚手架架设等作业。开仓浇筑前，必须按照设计图样和施工规范的要求，对以下三方面内容进行检查，签发合格证。

1.模板检查

主要检查模板的架立位置与尺寸是否准确，模板及其支架是否牢固、稳定，固定模板用的拉条是否发生弯曲等。模板板面要求洁净、密缝并涂刷脱模剂。

2.钢筋检查

主要检查钢筋的数量、规格、间距、保护层、接头位置及搭接长度是否符合设计要求。要求焊接或绑扎接头必须牢固，安装后的钢筋网骨架应有足够的刚度和稳定性，钢筋表面应清洁。

3.预埋件检查

主要是对预埋管道、止水片、止浆片等进行检查。主要检查其数量、安装位置和牢固程度。

第三节　混凝土拌制

混凝土拌制，是按照混凝土配合比设计要求，将其各组成材料（砂石、水泥、水、外加剂及掺合料等）拌和成均匀的混凝土料，以满足浇筑的需要。

混凝土制备的过程包括贮料、供料、配料和拌和。其中配料和拌和是主要生产环节，也是质量控制的关键，要求品种无误、配料准确、拌和充分。

一、混凝土配料

配料是按设计要求，称量每次拌和混凝土的材料用量。配料的精度直接影响混凝土质量。混凝土配料要求采用重量配料法，即是将砂、石、水泥、掺和料按重信计量，水和外加剂溶液按重量折算成体积计算。施工规范对配料精度（按重量百分比计）的要求是：水泥、掺合料、水、外加剂溶液为 ±1%，砂石料为 ±2%。

设计配合比中的加水量根据水灰比计算确定，并以饱和面干状态的砂子为标准。由于水灰比对混凝土强度和耐久性影响极为重大，绝对不能任意变更。施工采用的砂子，其含水量又往往较高，在配料时采用的加水量，应扣除砂子表面含水量及外加剂中的水量。

（一）给料设备

给料是将混凝土各组分从料仓按要求供到称料料斗。给料设备的工作机构常与称量设备相连，当需要给料时，控制电路开通，进行给料。当计量达到要求时，即断电停止给料。常用的给料设备有：皮带给料机、电磁振动给料机、叶轮给料机和螺旋给料机。

（二）混凝土称量

混凝土配料称量的设备有：简易称量（地磅）、电动磅秤、自动配料杠杆秤、电子秤、配水箱及定量水表。

1.简易称量

当混凝土拌制量不大，可采用简易称量方式。地磅称量，是将地磅安装在地槽内，用手推车装运材料推到地磅上进行称量。这种方法最简便，但称量速度较慢。台秤称量需配置称料斗、贮料斗等辅助设备。称料斗安装在台秤上，骨料能由贮料斗迅速落入，故称量时间较快，但贮料斗承受骨料的重量大，结构较复杂。贮料斗的进料可采用皮带机、卷扬机等提升设备。

2.自动配料杠杆秤

自动配料杠杆秤带有配料装置和自动控制装置。自动化水平高，可作砂、石的称量，精度较高。

3.电子秤

电子秤是通过传感器承受材料重力拉伸，输出电信号在标尺上指出荷重的大小，当指针与预先给定数据的电接触点接通时，即断电停止给料，同时继电器动作，称料斗斗门打开向集料斗供料，其称量更加准确，精度可达99.5%。

4.配水箱及定量水表

水和外加剂溶液可用配水箱和定量水表计量。配水箱是搅拌机的附属设备，可利用配水箱的浮球刻度尺控制水或外加剂溶液的投放量。定量水表常用于大型搅拌楼，使用时将指针拨至每盘搅拌用水量刻度上，按电钮即可送水，指针也随进水量回移，至零位时电磁阀即断开停水。此后，指针能自动复位至设定的位置。

称量设备一般要求精度较高，而其所处的环境粉尘较大，因此应经常检查调整，及时清除粉尘。一般要求每班检查一次称量精度。

二、混凝土拌和

混凝土拌和的方法，有人工拌和和机械拌和两种。

（一）人工拌和

人工拌和是在一块钢板上进行，先倒入砂子，后倒入水泥，用铁铲反复干拌至少三遍，直到颜色均匀为止。然后在中间扒一个坑，倒入石子和2/3的定量水，翻拌1遍。再进行翻拌（至少2遍），其余1/3的定量水随拌随洒，拌至颜色一致，石子全部被砂浆包裹，石子与砂浆没有分离、泌水与不均匀现象为止。人工拌和劳动强度大、混凝土质量不容易保证，拌和时不得任意加水。人工拌和只适宜于施工条件困难、工作量小，强度不高的混凝土施工。

（二）机械拌和

用拌和机拌和混凝土较广泛，能提高拌和质量和生产率。拌和机械有自落式和强制式两种。自落式分为锥形反转出料和锥形倾翻出料两种型式；强制式分为涡浆式、行星式、单卧轴式和双卧轴式。

1.混凝土搅拌机。

（1）自落式混凝土搅拌机

自落式搅拌机是通过筒身旋转，带动搅拌叶片将物料提高，在重力作用下物料自由坠下，反复进行，互相穿插、翻拌、混合使混凝土各组分搅拌均匀的。

锥形反转出料搅拌机是中、小型建筑工程常用的一种搅拌机，其正转搅拌，反转出料。由于搅拌叶片呈正、反向交叉布置，拌和料一方面被提升后靠自落进行搅拌，另一方面又被迫沿轴向作左右窜动，搅拌作用强烈。

锥形反转出料搅拌机，主要由上料装置、搅拌筒、传动机构、配水系统和电气控制系统等组成。当混合料拌好以后，可通过按钮直接改变搅拌筒的旋转方向，拌和料即可经出料叶片排出。

双锥形倾翻出料搅拌机进出料在同一口，出料时由气动倾翻装置使搅拌筒下旋50°～60°，即可将物料卸出。双锥形倾翻出料搅拌机卸料迅速，拌筒容积利用系数高，拌和物的提升速度低，物料在拌筒内靠滚动自落而搅拌均匀，能耗低，磨损小，能搅拌大粒径骨料混凝土。主要用于大体积混凝土工程。

（2）强制式混凝土搅拌机一般筒身固定，搅拌机片旋转，对物料施加剪切、挤压、翻滚、滑动、混合使混凝土各组分搅拌均匀

立轴强制式搅拌机是在圆盘搅拌筒中装一根回转轴，轴上装的拌和铲和刮板，随轴一同旋转。它用旋转着的叶片，将装在搅拌筒内的物料强行搅拌使之均匀。涡浆强制式搅拌机由动力传动系统、上料和卸料装置、搅拌系统、操纵机构和机架等组成。

单卧轴强制式混凝土搅拌机的搅拌轴上装有两组叶片，两组推料方向相反，使物料既有圆周方向运动，也有轴向运动，因而能形成强烈的物料对流，使混合料能在较短的时间内搅拌均匀。它由搅拌系统、进料系统、卸料系统和供水系统等组成。

此外，还有双卧轴式搅拌机。

2.混凝土搅拌机使用

在混凝土搅拌机使用时应注意如下操作要点：（1）进料时应注意：防止砂、石落入运转机构；进料容量不得超载；进料时避免先倒入水泥，减少水泥粘结搅拌筒内壁。（2）运行时应注意：运行声响，如有异常，应立即检查；运行中经常检查紧固件

及搅拌叶，防止松动或变形。(3)安全方面应注意：上料斗升降区严禁任何人通过或停留。检修或清理该场地时，用链条或锁闩将上料斗扣牢；进料手柄在非工作时或工作人员暂时离开时，必须用保险环扣紧；出料时操作人员应手不离开操作手柄，防止手柄自动回弹伤人（强制式机更要重视）；上料前，应将出料手柄用安全钩扣牢，方可上料搅拌；停机下班，应将电源拉断，关好开关箱；冬季施工下班，应将水箱、管道内的存水排清。(4)停电或机械故障时应注意：对于快硬、早强、高强混凝土应及时将机内拌和物掏净；普通混凝土，在停拌45min内将拌和物掏净；缓凝混凝土，根据缓凝时间，在初凝前将拌和物掏净；掏料时，应将电源拉断，防止突然来电。

此外，还应注意混凝土搅拌机运输安全，安装稳固。

3.搅拌机生产率计算

拌和机是按照装料、拌和、卸料三个过程循环工作的，每循环工作一次就拌制出一罐新鲜混凝土料，按拌和实方体积（L或 m^3 ），确定拌和机的工作容量（又称出料体积）。

拌和机的装料体积，是指每拌和一次，装入拌和筒内各种松散体积之和。拌和机的出料系数，是出料体积与装料体积之比，约为0.65~0.7。

单台拌和机的生产率，主要取决于拌和机的工作容量和循环工作一次所需的时间。

第四节　混凝土运输与施工

一、水平运输设备

通常混凝土的水平运输有有轨运输和无轨运输两种，前者一般用轨距为762mm或1000mm的窄轨机车拖运平台车完成，平台车上除放3~4个盛料的混凝土罐外，还应留一放空罐的位置，以得卸料后起吊设备可以放置空罐。大型平板车载运混凝土立罐如图5-1所示。

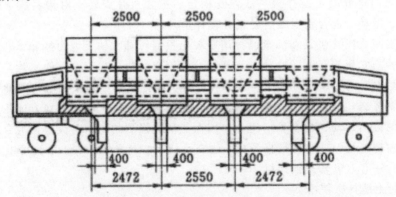

图5-1 大型平板车载运混凝土立罐（单位：mm）

放置在平车上的混凝土盛料容器常用立罐。罐壳为钢制品，装料口大，出料口小，并设孤门控制，用人力或压气启闭。立罐容积有 $1m^3$ 、 $3m^3$ 、 $6m^3$ 、 $9m^3$ 几种，容量大小应与拌和机及起重机的能力相匹配。如 $3m^3$ 罐为 1.7t，盛料 3m，约 8t，共约 10t，可与 1000L，1500L，3000L 的拌和机和 10t 的起重机匹配。$6m^3$ 罐则与 20t 起重机匹配。

为了方便卸料，可在罐的底部附设振动器，利用振动作用使塑性混凝土料顺利下落。

立罐多用平台车运输，也有将汽车改装后载运立罐的，这样运输较为机动灵活。

汽车运输有用自卸车直接盛混凝土，运送并卸入与起重机不脱钩的卧罐内，再将卧罐吊运入仓卸料；也有将卧罐直接放在车厢内到拌和楼装料后运至浇筑仓前，再由起重机吊入仓内。

尽管汽车运输比较机动灵活，但成本较高，混凝土容易漏浆和分离，特别是当道路不平整时，其质量难以保证。故通常仅用于建筑物基础部位，分散工程，或机车运输难于达到的部位，作为一种辅助运输方式。

综上可见，大量混凝土的水平运输以有轨机车拖运装载料罐的平板车更普遍。若地形陡峭，拌和楼布置于一岸，则轨路一般按进退式铺设，即列车往返采用进退出入；若运输量较大，则采用双轨，以保证运输畅通无阻；若地形较开阔，可铺设环行线路，效率较高；若拌和楼两岸布置，采用穿梭式轨路，则运输效率更高。有轨运输，当运距 1~1.5km，列车正常循环时间约 1h，包括料罐脱钩、挂钩、吊运、卸料、空回多次往复时间。视运距长短，每台起重机可配置 2~4 辆列车。铁路应经常检查维修，保持行驶平稳、安全，有利于减轻运送混凝土的泌水和分离。

二、垂直运输设备

（一）门式起重机

门式起重机又称门机，它的机身下部有一门架，可供运输车辆通行，这样便可使起重机和运输车辆在同一高程上行驶。它运行灵活，操纵方便，可起吊物料作径向和环向移动，定位准确，工作效率较高。门机的起重臂可上扬收拢，便于在较拥挤狭窄的工作面上与相邻门机共浇一仓，有利于提高浇筑速度。国内常用的 10/20t 门机，最大起重幅度 40/20m，轨上起重高度 30m，轨下下放深度 35m。为了增大起重机的工作空间，国内新产 20/60t 和 10/30t 的高架门机，其轨上高度可达 70m，既有利于高坝施工，减少栈桥层次和高度，也适宜于中、低坝降低或取消起重机行驶的工作栈桥。

（二）塔式起重机

塔式起重机又称塔机或塔吊。为了增加起吊高度，可在移动的门架上加设高达数十米的钢塔。其起重臂可铰接于钢塔顶，能仰俯，也有臂固定，由起重小车在臂的轨道上行驶，完成水平运动，以改变其起重幅度。塔机的工作空间比门机大，由于机身高，其稳定灵活性较门机差。在行驶轮旁设有夹具，工作时夹具夹住钢轨保持稳定。当有 6 级以上大风，必须停止行驶工作。因塔顶是借助钢丝绳的索引旋转，所以它只能向一个方向旋转 180° 或 360° 后再反向旋转，而门机却可随意旋转，故相邻塔机运行的安全距离要求较严。对 10/25t 塔机而言，起重机相向运行，相邻的中心距不小于 85~87m；当起重臂与平衡重相向时，不小于 58~62m；当平衡重相向时，不小于 34m。若分高程布置塔机，则可使相近塔机在近距离同时运行。由于塔机运行的灵活性较门机差，其起重能力、生产率都较门机低。

为了扩大工作范围，门机和塔机多安设在栈桥上。栈桥桥墩可以是与坝体结合的钢筋混凝土结构，也可以是下部为与坝体结合的钢筋混凝土，上部是可拆除回收的钢架结构。桥面结构多用工具式钢架，跨度 20~40m，上铺枕木、轨道和桥面板。桥面中部为运输轨道，两侧为起重机轨道。

固定式缆机工作控制面积为一矩形；辐射式缆机控制面积为一扇形。固定式缆机运行灵活，控制面积大，但设备投资、基建工程量、能源消耗和运行费用都大于后者。辐射式缆机的优缺点恰好与之相反。

缆机的起重量通常为 10~20t，最高达 50t。其跨度和塔架高度视建筑物的外形尺寸和缆机所在位置的地形情况经专门设计而定。

缆机质量要求最高的部件是承受载重小车移动的承重索，它要求用光滑、耐磨、抗拉强度很高的高强钢丝制成，价格高昂，其制造工艺仅为世界少数国家掌握。缆机的跨度一般为 600~1000m，跨度太大不仅垂度大，且承重索和塔架承受的拉力过大。缆机起重小车的行驶速度可达 360~670m/min，起重提升速度一般为 100~290m/min。通常，缆机吊运混凝土每小时 8~12 罐。20t 缆机月浇筑强度可达 5 万~8 万 mV/月。为提高其生产率，当今多采用高速缆机，仓面无线控制操作，定位准确，卸料迅速。为缩短吊运循环时间，尽可能将混凝土拌和楼布置靠近缆机，以便料罐不脱钩，直接从拌和楼接料；如拌和楼不在缆机控制范围内，可采用特制的运料小车，向不脱钩的料罐供料。运料小车从拌和楼接混凝土料后，由机车施运至缆机控制范围内，对准不脱钩的料罐，将混凝土经倾斜滑槽卸入料罐。这样就省去了装料的脱钩和挂钩时间。

（四）履带式起重机

将履带式挖掘机的工作机构改装，即成为履带式起重机。若将 3m³ 挖掘机改装，当起重 20t，起重幅度 18m 时，相应起吊高度 23m；当要求起重幅度达 28m 时，起重高度 13m，相应起重量为 12t。这种起重机起吊高度不大，但机动灵活，常与自卸汽车配合浇筑混凝土墩、墙或基础护坦、护坡等。

（五）塔带机

早在 20 世纪 20 年代塔带机就曾用于混凝土运输，由于用塔带机输送，混凝土易产生分离和砂浆损失，因而影响了它的推广应用。

近些年来，一些厂商研制开发了各种专用的混凝土塔带机，从以下三方面来满足运输混凝土的要求。（1）提高整机和零部件的可靠性。（2）力求设备轻型化，整套设备组装方便、移动灵活、适应性强。（3）配置保证混凝土质量的专用设备。

塔带机是集水平运输和垂直运输于一体，将塔机和皮带运输机有机结合的专用皮带机，要求混凝土拌和、水平供料、垂直运输及仓面作业一条龙配套，以提高效率。塔带机布置在坝内，要求大坝坝基开挖完成后快速进行塔带机系统的安装、调试和运行，使其尽早投入正常生产。输送系统直接从拌和厂受料，拌和机兼做给料机，全线自动连续作业。机身可沿立柱自升，施工中无须搬迁，不必修建多层、多条上坝公路，汽车可不出仓面。在简化施工设施、节省运输费用、提高浇筑速度、保证仓面清洁等方面，充分反映了这种浇筑方式的优越性。

塔带机一般为固定式，专用皮带机也有移动式的，移动式又有轮胎式和履带式两种，以轮胎式应用较广，最大皮带长度为32~61m，以CC200型胎带机为目前最大规格，布料幅度达61m，浇筑范围50~60m，一般较大的浇筑块可用一台胎带机控制整个浇筑仓面。

塔带机是一种新型混凝土浇筑运输设备，它具有连续浇筑、生产率高、运行灵活等明显优势。随着胶带机运输浇筑系统的不断完善，在未来大坝混凝土施工中将会获得更加广泛的应用。

（六）混凝土泵

混凝土泵可进行水平运输和垂直运输，能将混凝土输送到难以浇筑的部位，运输过程中混凝土拌和物受到周围环境因素的影响较小，运输浇筑的辅助设施及劳力消耗较少，是具有相当优越性的运输浇筑设备。然而，由于它对于混凝土坍落度和最大骨料粒径有比较严格的要求，限制了它在大坝施工中的应用。

三、混凝土施工准备

混凝土施工准备工作的主要项目有：基础处理、施工缝处理、设置卸料入仓的辅助设备、模板、钢筋的架设、预埋件及观测设备的埋设、施工人员的组织、浇筑设备及其辅助设施的布置、浇筑前的检查验收等。

（一）基础处理

土基应先将开挖基础时预留下来的保护层挖除，并清除杂物，然后用碎石垫底，盖上湿砂，再进行压实，浇8~12cm厚素混凝土垫层。砂砾地基应清除杂物，整平基础面，并浇筑10~20cm厚素混凝土垫层。

对于岩基，一般要求清除到质地坚硬的新鲜岩面，然后进行整修。整修是用铁撬等工具去掉表面松软岩石、棱角和反坡，并用高压水冲洗，压缩空气吹扫。若岩面上有油污、灰浆及其粘结的杂物，还应采用钢丝刷反复刷洗，直至岩面清洁为止。清洗后的岩基在混凝土浇筑前应保持洁净和湿润。

（二）施工缝处理

施工缝是指浇筑块之间新老混凝土之间的结合面。为了保证建筑物的整体性，在新混凝土浇筑前，必须将老混凝土表面的水泥膜（又称乳皮）清除干净，并使其表面新鲜整洁、有石子半露的麻面，以利于新老混凝土的紧密结合。

施工缝的处理方法有以下几种：

1.风砂水枪喷毛

将经过筛选的粗砂和水装入密封的砂箱，并通入压缩空气。高压空气混合水砂，经喷枪喷出，把混凝土表面喷毛。一般在混凝土浇后24~48h开始喷毛，视气温和混凝土强度增长情况而定。如能在混凝土表层喷洒缓凝剂，则可减少喷毛的难度。

2.高压水冲毛

在混凝土凝结后但尚未完全硬化以前，用高压水（压力0.1~0.25MPa）冲刷混凝土表面，形成毛面，对龄期稍长的可用压力更高的水（压力0.4~0.6MPa），有时配以钢丝刷刷毛。高压水冲毛关键是掌握冲毛时机,过早会使混凝土表面松散和冲去表面混凝土;过迟则混凝土变硬,不仅增加工作困难,而且不能保证质量。一般春秋季节,在浇筑完毕后10~16h开始;夏季掌握在6~10h;冬季则在18~24h后进行。如在新浇混凝土表面洒刷缓凝剂,则延长冲毛时间。

3. 刷毛机刷毛

在大而平坦的仓面上,可用刷毛机刷毛,它装有旋转的粗钢丝刷和吸收浮渣的装置,利用粗钢丝刷的旋转刷毛并利用吸渣装置吸收浮渣。

喷毛、冲毛和刷毛适用于尚未完全凝固混凝土水平缝面的处理。全部处理完后,需用高压水清洗干净,要求缝面无尘无渣,然后再盖上麻袋或草袋进行养护。

4. 风镐凿毛或人工凿毛

已经凝固混凝土利用风镐凿毛或石工工具凿毛,凿深约1~2cm,然后用压力水冲净。凿毛多用于垂直缝。

仓面清扫应在即将浇筑前进行,以清除施工缝上的垃圾、浮渣和灰尘,并用压力水冲洗干净。

(三)仓面准备

浇筑仓面的准备工作,包括机具设备、劳动组合、照明、风水电供应、所需混凝土原材料的准备等,应事先安排就绪,仓面施工的脚手架、工作平台、安全网、安全标识等应检查是否牢固,电源开关、动力线路是否符合安全规定。

(四)模板、钢筋及预埋件检查

开仓浇筑前,必须按照设计图纸和施工规范的要求,对仓面安设的模板、钢筋及预埋件进行全面检查验收,签发合格证。

1. 模板检查

主要检查模板的架立位置与尺寸是否准确,模板及其支架是否牢固稳定,固定模板用的拉条是否弯曲等。模板板面要求洁净、密缝并涂刷脱模剂。

2. 钢筋检查

主要检查钢筋的数量、规格、间距、保护层、接头位置与搭接长度是否符合设计要求。要求焊接或绑扎接头必须牢固,安装后的钢筋网应有足够的刚度和稳定性,钢筋表面应清洁。

3. 预埋件检查

对预埋管道、止水片、止浆片、预埋铁件、冷却水管和预埋观测仪器等,主要检查其数量、安装位置和牢固程度。

四、混凝土入仓方式

(一)自卸汽车转溜槽、溜筒入仓

自卸汽车转溜槽、溜筒入仓适用于狭窄、深坑混凝土回填。斜溜槽的坡度一般在1:1左右。混凝土的坍落度一般为6cm左右。溜筒长度一般不超过15m,混凝土自由下落高度不大于2m。每道溜槽控制的浇筑宽度5~6m。这种入仓方式准备工作量大,需要和易性好的混凝土，以便仓内操作，所以这种混凝土入仓方式多在特殊情况下使用。

（二）自卸汽车在栈桥上卸料入仓

浇筑仓内架设栈桥，汽车在栈桥上将混凝土料卸入仓内。常用在起重机起吊范围以外、面积不大、结构简单的基础部位。当汽车无法直通栈桥时，可经过一次倒运再由汽车上栈桥卸料。

汽车栈桥布置应根据每个浇筑块的面积、形状、结构情况和混凝土标号以及通往浇筑块的运输路线等条件来确定栈桥位置、数量及其方向。每条栈桥控制浇筑宽度为6~8m，若宽度太大，则平仓困难，且易造成骨料分离和仓内不平整，影响质量。仓外必须有汽车回车场地，使汽车能顺利上桥。

由于汽车栈桥准备工作最大，成本较高，质量控制困难，因此，在一般情况下不宜采用这种入仓方式。

（三）吊罐入仓

使用起重机械吊运混凝土罐入仓是目前普遍采用的入仓方式，其优点是入仓速度快、使用方便灵活、准备工作量少、混凝土质量易保证。

（四）汽车直接入仓

自卸汽车开进仓内卸料，它具有设备简单、工效高、施工费用较低等优点。在混凝土起吊运输设备不足，或施工初期尚未具备安装起重机条件的情况下，可使用这种方法。这种方法适用于浇筑铺盖、护坦、海漫和闸底板以及大坝、厂房的基础等部位的混凝土。常用的方式有端进法和端退法。

1.端进法

当基础凹凸起伏较大或有钢筋的部位，汽车无法在浇筑仓面上通过时采用此法。

开始浇筑时汽车不进入仓内，当浇筑至预定的厚度时，在新浇的混凝土面上铺厚6~8mm的钢垫板，汽车在其上驶入仓内卸料浇筑。浇筑层厚度不超过1.5m。

2.端退法

汽车倒退驶入仓内卸料浇筑。立模时预留汽车进出通道，待收仓时再封闭。浇筑层厚度1m以下为宜。汽车轮胎应在进仓前冲洗干净，仓内水平施工缝面应保持洁净。

汽车直接入仓浇筑混凝土的特点：（1）工序简单，准备工作量少，不要搭设栈桥，使用劳力较少，工效较高。（2）适用于面积大、结构简单、较低部位的无筋或少筋仓面浇筑。（3）由于汽车装载混凝土经较长距离运输且卸料速度较快，砂浆与骨料容易分离，因此，汽车卸料落差不宜超过2m。平仓振捣能力和入仓速度要适应。

五、混凝土浇筑方式确定

（一）混凝土坝分缝分块原则

混凝土坝施工，由于受到温度应力与混凝土浇筑能力的限制，不可能使整个坝段连续不断地一次浇筑完毕。因此，需要用垂直于坝轴线的横缝和平行于坝轴线的纵缝以及水平缝，将坝体划分为许多浇筑块进行浇筑。

（1）根据结构特点、形状及应力情况进行分层分块，避免在应力集中、结构薄弱部位分缝。（2）采用错缝分块时，必须采取措施防止竖直施工缝张开后向上、向下继续延伸。（3）分层厚度应根据结构特点和温度控制要求确定。基础约束区一般为1～2m，约束区以上可适当加厚；墩墙侧面可散热，分层也可厚些。（4）应根据混凝土的浇筑能力和温度控制要求确定分块面积的大小。块体的长宽比不宜过大，一般以小于2.5∶1为宜。（5）分层分块均应考虑施工方便。

（二）混凝土坝的分缝分块形式

混凝土坝的浇筑块是用垂直于坝轴线的横缝和平行于坝轴线的纵缝以及水平缝划分的。分缝方式有垂直纵缝法、错缝法、斜缝法、通仓浇筑法等。

1.纵缝法

用垂直纵缝把坝段分成独立的柱状体，因此又叫柱状分块。它的优点是温度控制容易，混凝土浇筑工艺较简单，各柱状块可分别上升，彼此干扰小，施工安排灵活，但为保证坝体的整体性，必须进行接缝灌浆；模板工作量大，施工复杂。纵缝间距一般为20～40m，以便降温后接缝有一定的张开度，便于接缝灌浆。

为了传递剪应力的需要，在纵缝面上设置键槽，并需要在坝体到达稳定温度后进行接缝灌浆，以增加其传递剪应力的能力，提高坝体的整体性和刚度。

2.错缝分块法

错缝法又称砌砖法。分块时将块间纵缝错开，互不贯通，故坝的整体性好，进行纵缝灌浆。但由于浇筑块互相搭接，施工干扰很大，施工进度较慢，同时在纵缝上、下端因应力集中容易开裂。

3.斜缝法

斜缝一般沿平行于坝体第二主应力方向设置，缝面剪应力很小，只要设置缝面键槽不必进行接缝灌浆，斜缝法往往是为了便于坝内埋管的安装，或利用斜缝形成临时挡洪面采用的。但斜缝法施工干扰大，斜缝顶并缝处容易产生应力集中，斜缝前后浇筑块的高差和温差需严格控制，否则会产生很大的温度应力。

4.通缝法

通缝法即通仓浇筑法，它不设纵缝，混凝土浇筑按整个坝段分层进行；一般不需要埋设冷却水管。同时由于浇筑仓面大，便于大规模机械化施工，简化了施工程序，特别是大大减少模板工作量，施工速度快。但因其浇筑块长度大，容易产生温度裂缝，所以温度控制要求比较严格。

六、入仓铺料

开始浇筑前，要在岩面或老混凝土面上先铺一层2～3cm厚的水泥砂浆（接缝砂浆），以保证新混凝土与基岩或老混凝土结合良好。砂浆的水灰比应较混凝土水灰比减少0.03～0.05。混凝土的浇筑，应按一定厚度、次序、方向分层推进。

铺料厚度应根据拌和能力、运输距离、浇筑速度、气温及振捣器的性能等因素确定。

混凝土入仓时，应尽量使混凝土按先低后高顺序进行，并注意分料不要过分集中，包括以下要求：（1）仓内有低塘或溜面，应按先低后高进行卸料，以免泌水集中带走灰浆。（2）由迎水面至背水面把泌水赶至背水面部分，然后处理集中的泌水。（3）根据混凝土强度等级分区，先高强度后低强度进行下料，以减少高强度区的断面。（4）要适应结构物特点。如浇筑块内有廊道、钢管或埋件的仓位，卸料必须两侧平起，廊道、钢管两侧的混凝土高差不得超过铺料的层厚（一般 $30\sim50$ cm）。

（一）平层浇筑法

平层浇筑法是混凝土按水平层连续地逐层铺镇，第一层浇完后再浇筑第二层，依次类推，直至达到设计高度。

平层浇筑法，因浇筑层之间的接触面积大（等于整个仓面面积），应注意防止出现冷缝（即铺填上层混凝土时，下层混凝土已经初凝）。

平层浇筑法实际应用较多，包括以下特点：（1）铺料的接头明显，混凝土便于振捣，不易漏振。（2）平层铺料法能较好地保持老混凝土的清洁，保证新老混凝土之间的接合质量。（3）适用于不同坍落度的混凝土。（4）适用于有廊道、竖井、钢管等结构的混凝土。

（二）斜层浇筑法

当浇筑仓面面积较大，而混凝土搅和、运输能力有限时，采用平层浇筑法容易产生冷缝时，可用斜层浇筑法和台阶浇筑法。

斜层浇筑法是在浇筑仓面，从一端向另一端推进，推进中及时覆盖，以免发生冷缝。斜层坡度不超过 $10°$，否则在平仓振捣时易使砂浆流动，骨料分离，下层已捣实的混凝土也可产生错动。浇筑块高度一般限制在1.5m左右。当浇筑块较薄，且对混凝土采取预冷措施时，斜层浇筑法是较常见的方法，因浇筑过程中混凝土冷量损失较小。

（三）台阶浇筑法

台阶浇筑法是从块体短边一端向另一端铺料，边前进边加高，逐步向前推进并形成明显的台阶，直至把整个仓位浇到收仓高程。浇筑坝体迎水面仓位时，应顺坝轴线方向铺料。

施工要求如下：（1）浇筑块的台阶层数以 $3\sim5$ 层为宜，层数过多，易使下层混凝土错动，并使浇筑仓内平仓振捣机械上下频繁调动，容易造成漏振。（2）浇筑过程中，要求台阶层次分明。铺料厚度一般为 $0.3\sim0.5$m。台阶宽度应大于1.0m，长度为 $2\sim3$m，坡度不大于 $1:2$。（3）水平施工缝只能逐步覆盖，必须注意保持老混凝土面的湿润和清洁。接缝砂浆在老混凝土面上边摊铺边浇筑混凝土。（4）平仓振捣时注意防止混凝土分离和漏振。（5）在浇筑中如因机械和停电等故障而中止工作时，要做好停仓准备，即必须在混凝土初凝前，把接头处混凝土振捣密实。

应该指出，不管采用上述何种铺筑方法，浇筑时相邻两层混凝土的间歇时间不允许超过混凝土铺料允许隔时间，混凝土允许间隔时间是指自混凝土拌和机出料口到初凝前覆盖上层混凝土为止的这一段时间，它与气温、太阳辐射、风速、混凝土入仓温度、水泥品种、掺外加剂品种等条件有关。

七、平仓、振捣

(一) 平仓

将卸入仓内的成堆混凝土，按要求厚度摊平的过程称为平仓。入仓混凝土应及时平仓，不得堆积。仓内如有粗骨料堆叠时，应均匀地分散至砂浆较多处，但不得以水泥砂浆覆盖，以免造成蜂窝。对于坍落度较小的混凝土、仓面较大且无模板拉条干扰时，可吊入小型履带式推土机平仓，一般还可在机后安装振捣器组，平仓、振捣两用，效率较高。有条件时应采用平仓机平仓。

(二) 振捣

振捣是影响混凝土浇筑质量的关键工序。振捣的作用在于借助振捣器产生的高频小振幅振动力强迫混凝土振动，使混凝土拌和物颗粒间的摩擦力和粘接力大大减小，相对密度大的骨料下沉，互相挤密，密度小的空气和多余水分被排出表面，从而使混凝土密实。

振捣机械按其工作方式不同，可分为内部振捣器、表面振捣器外部振捣器和振动台。前两类广泛用于各类现浇混凝土工程中，后两类主要用于构件预制厂。

内部振捣器又称为插入式振捣器，使用最广泛。插入式捣器有电动软轴式、电动硬轴式和风动式3种。硬轴式和风动式的工作棒直径较大，振动力和振捣范围大，主要用于大、中型工程的大体积少筋混凝土结构；电动软轴式的重量轻、功率小、灵活方便，常用于狭窄部位或钢筋密集部位。

表面振捣器又称平板振动器，它是由带偏心块的电动机和平板（钢板或木板）组成，在混凝土表面进行振捣，适用于薄板结构。

外部振捣器又称附着式振捣器，这种振捣器是固定在模板外侧的横挡和竖挡上，偏心块转动时所产生的振动力通过模板传给混凝土，使之密实。适用于钢筋密集或预埋件多、断面尺寸小的构件。使用此种振捣器对模板及其支撑件的强度、刚度、稳定性要求较高。

振动台是一个支撑在弹性支座上的工作平台，在平台下面装有振动机构，当振动机构转动时，即带动工作台强迫振动，从而使工作台上的构件混凝土得到密实。振动台一般用于预制构件厂及实验室。

混凝土浇筑振捣应注意以下要求：(1) 混凝土浇筑应先平仓后振捣，严禁以振捣代替平仓。(2) 振捣器（棒）振捣混凝土应按一定的顺序和间距插点，均匀地进行，防止漏振和重振。振捣器（棒）应垂直直插入，快插慢拔，插入下层混凝土5cm左右，以加强层间结合；插入混凝土的间距，应根据试验确定并不应超过振捣器有效半径的1.5倍。

(3) 振捣时严禁碰触到模板、钢筋和预埋件，以免引起位移、变形、漏浆以及破坏已初凝的混凝土与钢筋的粘接。(4) 在预埋件特别是止水片、止浆片周围，应细心振捣，必要时可辅以人工捣固密实。(5) 浇筑块的第一层、卸料接触带和台阶边坡的混凝土应加强振捣。(6) 混凝土振捣应严格掌握时间，防止振捣不足和过振。混凝土振捣完全的标志有：混凝土表面不再有明显的下沉；无明显气泡生成；混凝土表面出现浮浆；混凝土有均匀的外形，并充满模板的边角。每点上的振动时间以 15 ~ 25s 为宜。

第五节　混凝土特殊季节施工

一、混凝土冬季施工

（一）混凝土冬季施工的一般要求

现行施工规范规定：寒冷地区的日平均气温稳定在 5℃以下或最低气温稳定在 3℃以下时，温和地区的日平均气温稳定在 3℃以下时，均属于低温季节，这就需要采取相应的防寒保温措施，避免混凝土受到冻害。

混凝土在低温条件下，水化凝固速度大为降低，强度增长受到阻碍。当气温在 -2℃时，混凝土内部水分结冰，不仅水化作用完全停止，而且结冰后由于水的体积膨胀，使混凝土结构受到损害，当冰融化后，水化作用虽将恢复，混凝土强度也可继续增长，但最终强度必然降低。试验资料表明：混凝土受冻越早，最终强度降低越大。如在浇筑后 3 ~ 6h 受冻，最终强度至少降低 50% 以上；如在浇筑后 2 ~ 3d 受冻，最终强度降低只有 15% ~ 20%。如混凝土强度达到设计强度的 50% 以上（在常温下养护 3 ~ 5d）时再受冻，最终强度则降低极小，甚至不受影响，因此，低温季节混凝土施工，首先要防止混凝土早期受冻。

（二）冬季施工措施

低温季节混凝土施工可以采用人工加热、保温蓄热及加速凝固等措施，使混凝土入仓浇筑温度不低于 5℃；同时保证混凝土浇筑后的正温养护条件，在未达到允许受冻临界强度以前不遭受冻结。

1. 调整配合比和掺外加剂

（1）对非大体积混凝土，采用发热量较高的快凝水泥。（2）提高混凝土的配制强度。（3）掺早强剂或早强型减水剂。其中氯盐的掺量应按有关规定严格控制，并不适应于钢筋混凝土结构。（4）采用较低的水灰比。（5）掺加气剂可减缓混凝土冻结时在其内部水结冰时产生的静水压力，从而提高混凝土的早期抗冻性能。但含气量应限制在 3% ~ 5%。因为，混凝土中含气量每增加 1%，会使强度损失 5%，为弥补由于加气剂招致的强度损失，最好与减水剂并用。

2. 原材料加热法

当日平均气温为 -2 ~ -5℃时，应加热水拌和；当气温再低时，可考虑加热骨料。水泥不能加热，但应保持正温。

水的加热温度不能超过 80℃，并且要先将水和骨料拌和后，这时水不超过 60℃，以免水泥产生假凝。所谓假凝是指拌和水温超过 60℃时，水泥颗粒表面将会形成一层薄的硬壳，使混凝土和易性变差，而后期强度降低的现象。

砂石加热的最高温度不能超过 100℃，平均温度不宜超过 65℃，并力求加热均匀。对大中型工程，常用蒸气直接加热骨料，即直接将蒸气通过需要加热的砂、石料堆中，料堆表面用帆布盖好，防止热量损失。

3.蓄热法

蓄热法是将浇筑好的混凝土在养护期间用保温材料加以覆盖，尽可能把混凝土在浇筑时所包含的热量和凝固过程中产生的水化热蓄积起来，以延缓混凝土的冷却速度，使混凝土在达到抗冰冻强度以前，始终保持正温。

4.加热养护法

当采用蓄热法不能满足要求时可以采用加热养护法，即利用外部热源对混凝土加热养护，包括暖棚法、蒸气加热法和电热法等。大体积混凝土多采用暖棚法，蒸气加热法多用于混凝土预制构件的养护。

（1）暖棚法

即在混凝土结构周围用保温材料搭成暖棚，在棚内安设热风机、蒸气排管、电炉或火炉进行采暖，使棚内温度保持在15～20℃以上，保证混凝土浇筑和养护处于正温条件下。暖棚法费用较高，但暖棚为混凝土硬化和施工人员的工作创造了良好的条件。此法适用于寒冷地区的混凝土施工。

（2）蒸气加热法

利用蒸气加热养护混凝土，不仅使新浇混凝土得到较高的温度，而且还可以得到足够的湿度，促进水化凝固作用，使混凝土强度迅速增长。

（3）电热法

是用钢筋或薄铁片作为电极，插入混凝土内部或贴附于混凝土表面，利用新浇混凝土的导电性和电阻大的特点，通过50～100V的低压电，直接对混凝土加热，使其尽快达到抗冻强度。由于耗电量大，大体积混凝土较少采用。

上述几种施工措施，在严寒地区往往是同时采用，并要求在拌和、运输、浇筑过程中，尽量减少热量损失。

（三）冬季施工注意事项

（1）砂石骨料宜在进入低温季节前筛洗完毕。成品料堆应有足够的储备和堆高，并进行覆盖，以防冰雪和冻结。（2）拌和混凝土前，应用热水或蒸汽冲洗搅拌机，并将水或冰排除。（3）混凝土的拌和时间应比常温季节适当延长。延长时间应通过试验确定。（4）在岩石地基或老混凝土面上浇筑混凝土前，应检查其温度。如为负温，应将其加热成正温。加热深度不小于10cm，并经验证合格方可浇筑混凝土。仓面清理宜采用喷洒温水配合热风枪，寒冷期间亦可采用蒸气枪，不宜采用水枪或风水枪。在软基上浇筑第一层混凝土时，必须防止与地基接触的混凝土遭受冻害和地基受冻变形。（5）混凝土搅拌机应设在搅拌棚内并设有采暖设备，棚内温度应高于5℃。混凝土运输容器应有保温装置。（6）浇筑混凝土前和浇筑过程中，应注意清除钢筋、模板和浇筑设施上附着的冰雪和冻块，严禁将雪冻块带入仓内。（7）在低温季节施工的模板，一般在整个低温期间都不宜拆除。如果需要拆除，要求：1）混凝土强度必须大于允许受冻的临界强度。2）具体拆模时间，应满足温控防裂要求，当预计拆模后混凝土表面降温可能超过6～9℃时，应推迟拆模时间，如必须拆模时，应在拆模后采取保护措施。（8）低温季节施工期间，应特别注意温度检查。

二、混凝土夏季施工

在混凝土凝结过程中，水泥水化作用进行的速度与环境温度成正比。当温度超过32℃时，水泥的水化作用加剧，混凝土内部温度急剧上升，等到混凝土冷却收缩时，混凝土就可能产生裂缝。前后的温差越大，裂缝产生的可能性就越大。对于大体积混凝土施工时，夏季降温措施尤为重要。

为了降低夏季混凝土施工时的温度，可以采取以下一些措施：（1）采用发热最低的水泥，并加掺和料和减水剂，以减低水泥用量。（2）采用地下水或人造冰水拌制混凝土，或直接在拌和水中加入碎冰块以代替一部分水，但要保证碎冰块能在拌和过程中全部融化。（3）用冷水或冷风预冷骨料。（4）在拌和站、运输道路和浇筑仓面上搭设凉棚，遮阳防晒，对运输工具可用湿麻袋覆盖，也可在仓面不断喷雾降温。（5）加强洒水养护，延长养护时间。（6）气温过高时，浇筑工作可安排在夜间进行。第六节混凝土质量评定标准

第六节　混凝土质量评定标准

普通混凝土施工分为基础面、施工缝处理，模板制作及安装，钢筋制作及安装，预埋件制作及安装，混凝土浇筑，外观质量检查6个工序。

一、基础面、施工缝处理

基础面、施工缝处理包括基础面及施工缝两个工序。

（一）基础面

1.项目分类

（1）主控项目

基础面施工工序主控项目有基础面、地表水和地下水、施工缝。

（2）一般项目

基础面施工工序一般项目有岩面清理。

2.检查方法及数量

（1）主控项目

1）基础面（岩基）

观察、查阅设计图样或地质报告，进行全仓检查。

2）基础面（软基）

观察、查阅测量断面图及设计图样，进行全仓检查。

3）地表水和地下水

观察，进行全仓检查。

（2）一般项目。岩面清理：观察，进行全仓检查。

3.质量验收评定标准

（1）基础面（岩基）

符合设计要求；基础面（软基）：预留保护层已挖除。

（2）地表水和地下水

妥善引排或封堵。

（3）岩面清理

符合设计要求，清洗洁净，无积水，无积渣杂物。

（二）施工缝

1.项目分类

（1）主控项目

施工缝施工工序主控项目有施工缝的留置位置、施工缝面凿毛。

（2）一般项目

施工缝施工工序一般项目有缝面清理。

2.检查方法及数量

通过观察，进行全数检查。

3.质量验收评定标准

（1）施工缝的留置位置

符合设计或有关施工规范规定。

（2）施工缝面凿毛

基面无乳皮、成毛面、微露粗砂。

（3）缝面清理

符合设计要求；清洗洁净，无积水、无积渣杂物。

二、模板制作及安装

1.项目分类

（1）主控项目

模板制作及安装施工工序主控项目有稳定性、刚度和强度，承重模板底面高程，排架、梁板、柱、墙，结构物边线与设计边线，预留孔、洞尺寸及位置。

（2）一般项目

模板制作及安装施工工序一般项目有模板平整度、相邻两板面错台，局部平整度，板面缝隙，结构物水平断面内部尺寸，脱模剂涂刷，模板外观。

2.检查方法及数量

（1）稳定性、刚度和强度

对照设计图样检查，进行全部检查。

（2）承重模板底面高程

仪器测量，模板面积在 $100m^2$ 以内，不少于10点；每增加 $100m^2$ 增加检查点数不少于10点。

（3）排架、梁板、柱、墙

1）结构断面尺寸

钢尺测量，模板面积在 $100m^2$ 以内，不少于10点；每增加 $100m^2$ 增加检查点数不少于10点。

2）轴线位置偏差

仪器测量，模板面积在100m²以内，不少于10点；每增加100m²，增加检查点数不少于10点。

3）垂直度

2m靠尺量测或仪器测量，模板面积在100m²以内，不少于10点；每增加100m²增加检查点数不少于10点。

（4）结构物边线与设计边线

钢尺测量，模板面积在100m²以内，不少于10点；每增加100m²，增加检查点数不少于10点。

（5）预留孔、洞尺寸及位置。测量、查看图样，模板面积在100m²以内，不少于10点；每增加100m²，增加检查点数不少于10点。

（6）模板平整度、相邻两板面错台

2m靠尺量测或拉线检查，模板面积在100m²以内，不少于10点；每增加100m²增加检查点数不少于10点。

（7）局部平整度

按水平线（或垂直线）布置检测点，2m靠尺量测，模板面积在100m²以上，不少于20点；每增加100m）增加检查点数不少于10点。

（8）板面缝隙

量测，100m²以上，检查3~5点；100m²以内，检查1~3点。

（9）结构物水平断面内部尺寸

测量，100m²以上，不少于10点；100m²以内，不少于5点。

（10）脱模剂涂刷

查阅产品质检证明，进行全面检查。

（11）模板外观

观察，全面检查。

3.质量验收评定标准

（1）稳定性、刚度和强度

满足混凝土施工荷载要求，符合模板设计要求。

（2）承重模板底面高程

允许偏差±5mm。

（3）排架、梁板、柱、墙

1）结构断面尺寸

允许偏差±10mm。

2）轴线位置偏差

允许偏差±10mm。

3）垂直度

允许偏差±5mm。

（4）结构物边线与设计边线

1）外露表面

内模板：允许偏差–10～0mm；外模板：允许偏差0～10mm。

2）隐蔽内面

允许偏差15mm。

（5）预留孔、洞尺寸及位置

1）孔、洞尺寸

允许偏差±10mm。

2）孔、洞位置

允许偏差±10mm。

（6）模板平整度、相邻两板面错台

1）外露表面

钢模：允许偏差2mm；木模：允许偏差3mm。

2）隐蔽内面

允许偏差5mm。

（7）局部平整度

1）外露表面

钢模：允许偏差3mm；木模：允许偏差5mm。

2）隐蔽内面

允许偏差10mm。

（8）板面缝隙

1）外露表面

钢模：允许偏差1mm；木模：允许偏差2mm。

2）隐蔽内面

允许偏差2mm。

（9）结构物水平断面内部尺寸

允许偏差±20mm。

（10）脱模剂涂刷

产品质量符合标准要求，涂刷均匀，无明显色差。

（11）模板外观

表面光洁、无污物。

三、钢筋制作及安装

钢筋制作及安装包括钢筋制作与安装及钢筋连接两个施工工序。

（一）钢筋制作与安装

1.项目分类

（1）主控项目

钢筋制作与安装施工工序主控项目有钢筋的数量、规格尺寸、安装位置，钢筋接头的力学性能，焊接接头和焊缝外观，钢筋连接，钢筋间距、保护层。

（2）一般项目

钢筋制作与安装施工工序一般项目有钢筋长度方向，同一排受力钢筋间距，双排钢筋的排与排间距，梁与柱中箍筋间距，保护层厚度。

2.检查方法及数量

（1）主控项目

1）钢筋的数量、规格尺寸、安装位置

对照设计文件，进行全数检查。

2）钢筋接头的力学性能

对照仓号在结构上取样测试，焊接200个接头检查1组，机械连接500个接头检查1组。

3）焊接接头和焊缝外观

观察并记录，不少于10点。

4）钢筋连接

参照钢筋连接施工质量标准。

5）钢筋间距、保护层

观察、量测，不少于10点。

（2）一般项目。

1）钢筋长度方向

观察、量测，不少于5点。

2）同一排受力钢筋间距

观察、量测，不少于5点。

3）双排钢筋的排与排间距

观察、量测，不少于5点。

4）梁与柱中箍筋间距

观察、量测，不少于10点。

5）保护层厚度

观察、量测，不少于5点。

3.质量验收评定标准

（1）钢筋的数量、规格尺寸、安装位置

符合质量标准和设计的要求。

（2）钢筋接头的力学性能

符合规范要求和国家及行业有关规定。

（3）焊接接头和焊缝外观

不允许有裂缝、脱焊点、漏焊点，表面平顺，没有明显的咬边、凹陷气孔等。

（4）钢筋连接

参照钢筋连接施工质量标准。

（5）钢筋间距、保护层

符合质量标准和设计的要求。

（6）钢筋长度方向

局部偏差 ±1/2 净保护层厚。

（7）同一排受力钢筋间距

1）排架、柱、梁

允许偏差 ±0.5d。

2）板、墙

允许偏差 ±0.1 倍间距。

（8）双排钢筋的排与排间距

允许偏差 ±0.1 倍排距。

（9）梁与柱中箍筋间距

允许偏差 ±0.1 倍箍筋间距。

（10）保护层厚度

局部偏差 ±1/4 净保护层厚。

（二）钢筋连接

1.项目分类

钢筋连接施工工序检验项目有点焊及电弧焊、对焊及熔槽焊、绑扎连接、机械连接。

2.检查方法及数量

（1）点焊及电弧焊

观察、量测，每项不少于10点。

（2）对焊及熔槽焊

观察、量测，每项不少于10点。

（3）绑扎连接。

1）缺扣、松扣

观察、信测，每项不少于10点。

2）弯钩朝向正确

观察、量测，每项不少于10点。

3）搭接长度：量测，每项不少于10点。

（4）机械连接

观察、量测，每项不少于10点。

3.质量验收评定标准

（1）点焊及电弧焊

1）焊条对焊接头中心

纵向偏移差不大于 0.5d。

2）接头处钢筋轴线的曲折

$\leqslant 4°$。

3）焊缝

长度：允许偏差 -0.05d；高度：允许偏差 -0.05d；表面气孔夹渣：在 2d 长度上数量不多于2个；气孔、夹渣的直径不大于 3mm。

（2）对焊及熔槽焊

1）焊接接头根部未焊透深度。φ25～40mm钢筋；≤0.15d；φ40～70mm钢筋；≤0.10d。

2）接头处钢筋中心线的位移

0.10J且不大于2mm。

3）焊缝表面（长为2d）和焊缝截面上蜂窝、气孔、非金属杂质

不大于1.5d。

（3）绑扎连接

1）缺扣、松扣

≤20%且不集中。

2）弯钩朝向正确

符合设计图样。

3）搭接长度

允许偏差-0.05设计值。

（4）机械连接。

1）带肋钢筋冷挤压连接接头

①压痕处套筒外形尺寸

挤压后套筒长度应为原套筒长度的1.10～1.15倍，或压痕处套筒的外径波动范围为原套筒外径的0.8～0.9倍。

②挤压道次

符合型式检验结果。

③接头弯折

≤4°。

④裂缝检查

挤压后肉眼观察无裂缝。

2）直（锥）螺纹连接接头

①丝头外观质量

保护良好，无锈蚀和油污，牙型饱满光滑。

②套头外观质量

无裂纹或其他肉眼可见缺陷。

③外露丝扣

无1扣以上完整丝扣外露。

④螺纹匹配

丝螺纹与套筒螺纹满足连接要求，螺纹结合紧密，无明显松动，以及相应处理方法得当。

四、预埋件制作及安装

预埋件制作及安装包括止水片（带）、伸缩缝（填充材料）施工、排水系统施工、冷却及灌浆管路施工、铁件施工5个施工工序。

（一）止水片（带）

1.项目分类

（1）主控项目

预埋件制作及安装施工工序主控项目有片（带）外观、基座、片（带）插入深度、沥青井（柱）、接头。

（2）一般项目

预埋件制作及安装施工工序一般项目有片（带）偏差、搭接长度、止水片（带）中心线与接缝中心线安装偏差。

2.检查方法及数量

（1）主控项目

1）片（带）外观

观察，所有外露止水片（带）。

2）基座

观察，不少于5点。

3）片（带）插入深度

观察，不少于1点。

4）沥青井（柱）

观察，不少于1点。

5）接头

全数检查。

（2）一般项目

1）片（带）偏差

量测，检查3~5点。

2）搭接长度

①金属止水片

量测，每个焊接点。

②橡胶、PVC止水带

量测，每个连接处。

③金属止水片与PVC止水带接头栓接长度

量测，每个连接带。

3）止水片（带）中心线与接缝中心线安装偏差

量测，检查1~2点。

3.质量验收评定标准

（1）片（带）外观

表面平整，无浮皮、锈污、油渍、砂眼、钉孔、裂纹等。

（2）基座

符合设计要求（按建基面要求验收合格）。

（3）片（带）插入深度

符合设计要求。

（4）沥青井（柱）

位置准确、牢固，上下层衔接好，电热元件及绝热材料埋设准确，沥青填塞密实。

（5）接头

符合工艺要求。

（6）片（带）偏差

1）宽

允许偏差±5mm。

2）高

允许偏差±2mm。

3）长

允许偏差±20mm。

（7）搭接长度。

1）金属止水片

N20mm，双面焊接。

2）橡胶、PVC止水带

N100mm。

3）金属止水片与PVC止水带接头栓接长度

N350mm（螺栓栓接法）。

（8）止水片（带）中心线与接缝中心线安装偏差

允许偏差±5mm。

（二）伸缩缝（填充材料）施工

1.项目分类

（1）主控项目

伸缩缝（填充材料）施工工序主控项目有伸缩缝缝面。

（2）一般项目

伸缩缝（填充材料）施工工序一般项目有涂敷沥青料、粘贴沥青油毛毡、铺设预制油毡板或其他闭缝板。

2.检查方法及数量

采用观察方法，进行全数检验。

3.质量验收评定标准

（1）伸缩缝缝面

平整、顺真、干燥，外露铁件应割除，确保伸缩有效。

（2）涂敷沥青料

涂刷均匀平整、与混凝土黏接紧密，无气泡及隆起现象。

（3）粘贴沥青油毛毡

铺设厚度均匀平整、牢固、搭接紧密。

（4）铺设预制油毡板或其他闭缝权

铺设厚度均匀平整、牢固，相邻块安装紧密平整无缝。

（三）排水系统施工

1.项目分类

（1）主控项目

排水系统施工工序主控项目有孔口装置、排水管通畅性。

（2）一般项目

排水系统施工工序一般项目有排水孔倾斜度、排水孔（管）位置、基岩排水孔。

2.检查方法及数量

采用量测，进行全数检验。

3.质量验收评定标准

（1）孔口装置

按设计要求加工、安装，并进行防锈处理，安装牢固，不得有渗水、漏水现象。

（2）排水管通畅性

通畅。

（3）排水孔倾斜度

允许偏差不大于4%。

（4）排水孔（管）位置

允许偏差不大于100mm。

（5）基岩排水孔

1）倾斜度偏差

孔深不大于8m，允许偏差不大于1%；孔深小于8m，允许偏差不大于2%。

2）深度偏差

允许偏差±0.5%。

（四）冷却及灌浆管路施工

1.项目分类

（1）主控项目

冷却及灌浆管路施工工序主控项目有管路安装。

（2）一般项目

冷却及灌浆管路施工工序一般项目有管路出口。

2.检查方法及数量

（1）管路安装

通气、通水，检验所有接头。

（2）管路出口

观察，进行全数检验。

3.质量验收评定标准

（1）管路安装

安装牢固、可靠，接头不漏水、不漏气，无堵塞。

（2）管路出口

露出模板外300~500mm，妥善保护，有识别标志。

（五）铁件施工

1.项目分类

（1）主控项目

铁件施工工序主控项目有高程、方位、埋入深度及外露长度等。

（2）一般项目

铁件施工工序一般项目有铁件外观、锚筋钻孔位置、钻孔底部的孔径、钻孔深度、钻孔的倾斜度相对设计轴线。

2.检查方法及数量

（1）主控项目

对照图样，现场观察、查阅施工记录、量测。

（2）一般项目

采用观察、量测，进行全数检验。

3.质量验收评定标准

（1）高程、方位、埋入深度及外露长度等

符合设计要求。

（2）铁件外观

表面无锈皮、油污等。

（3）锚筋钻孔位置

1）梁、柱的锚筋

允许偏差不大于20mm。

2）钢筋网的锚筋

允许偏差 W50mm。

（4）钻孔底部的孔径

锚筋直径加20mm。

（5）钻孔深度

符合设计要求。

（6）钻孔的倾斜度相对设计轴线

允许偏差不大于5%（在全孔深度范围内）。

五、混凝土浇筑

1.项目分类

（1）主控项目

混凝土浇筑施工工序主控项目有入仓混凝土料、平仓分层、混凝土振捣、铺筑间歇时间、浇筑温度（指有温控要求的混凝土）、混凝土养护。

（2）一般项目

混凝土浇筑施工工序一般项目有砂浆铺筑、积水和泌水、插筋、管路等埋设件以及模板的保护、混凝土表面保护、脱模。

2.检查方法及数量

（1）入仓混凝土料：观察，不少于入仓总次数的50%。

（2）平仓分层：观察、量测，进行全部检验。

（3）混凝土振捣：在混凝土浇筑过程中进行全部检查。

（4）铺筑间歇时间：在混凝土浇筑过程中进行全部检查。

（5）浇筑温度（指有温控要求的混凝土）：温度计测量。

（6）混凝土养护：观察，进行全部检验。

（7）砂浆铺筑：观察，进行全部检验。

（8）积水和泌水：观察，进行全部检验。

（9）插筋、管路等埋设件以及模板的保护：观察、量测，进行全部检验。

（10）混凝土表面保护：观察，进行全部检验。

（11）脱模：观察或查阅施工记录，不少于脱模总次数的30%。

3.质量验收评定标准

（1）入仓混凝土料。无不合格料入仓，如有少量不合格入仓，应及时处理至达到要求。

（2）平仓分层。厚度不大于振捣棒有效长度的90%，铺设均匀，分层清楚，无骨料集中现象。

（3）混凝土振捣。振捣器垂直插入下层5cm，有次序，无漏振、无超振。

（4）铺筑间歇时间。符合设计要求，无初凝现象。

（5）浇筑温度（指有温控要求的混凝土）。满足设计要求。

（6）混凝土养护。表面保持湿润，连续养护时间基本满足设计要求。

（7）砂浆铺筑。厚度不大于3cm，均匀平整，无漏铺。

（8）积水和泌水。无外部水流入，泌水排除及时。

（9）插筋、管路等埋设件以及模板的保护。保护好，符合设计要求。

（10）混凝土表面保护。保护时间、保温材料质量符合设计要求。

（11）脱模。脱模的时间符合施工技术规范或设计文件的要求。

六、外观质量检查

1.项目分类

（1）主控项目

混凝土外观质量检查主控项目有表面平整度、外形尺寸、重要部位缺损。

（2）一般项目

混凝土外观质量一般项目有麻面、蜂窝、孔洞、错台、跑模、掉角、表面裂缝。

2.检查方法及数量

（1）主控项目。

1）表面平整度

2m靠尺检查，100m² 以上的表面检查点数 6~10 点；100m² 以下的表面检查点数 3~5 点。

2）外形尺寸

钢尺测房，抽查15%。

3）重要部位缺损

观察、仪器检测，进行全部检验。

（2）一般项目

观察、量测，进行全部检验。

3.质量验收评定标准

（1）表面平整度。符合设计要求。

（2）形体尺寸。符合设计要求或 ±20mm。

（3）重要部位缺损。不允许，应修复符合设计要求。

（4）麻面、蜂窝。麻面、蜂窝累计面积不超过 0.5%，经处理符合设计要求。

（5）孔洞。单个面积不超过 0.01m²，深度不超过骨料最大粒径，经处理后符合设计要求。

（6）错台、跑模、掉角。经处理后符合设计要求。

（7）表面裂缝。短小、不跨层的表面裂缝经处理符合设计要求。

第七节　混凝土坝裂缝处理

一、坝体裂缝的分类及成因

（一）混凝土坝裂缝的分类及成因

1.混凝土坝裂缝的分类及特征

当混凝土坝由于温度变化、地基不均匀沉陷及其他原因引起的应力和变形超过了混凝土的强度和抵抗变形的能力时，将产生裂缝。按产生的原因不同，可以分为沉陷缝、干缩缝、温度缝、应力缝和施工缝等五种。

（1）沉陷缝

属于贯穿性的裂缝，其走向一般与沉陷走向一致。对于大体积混凝土，较小的不均匀沉陷引起的裂缝，一般看不出错距；对较大的不均匀沉陷引起的裂缝，往往有错距；对于轻型薄壁的结构，则有较大的错距，裂缝的宽度受温度变化影响较小。

（2）干缩缝

属于表面性的裂缝，走向纵横交错，无规律性，形似龟纹，缝宽与长度均很小。

（3）温度缝

由混凝土固结时的水化作用或外界温度变化引起。由于裂缝产生的原因不同，裂缝分为表层、深层或贯穿性的。表层裂缝的走向一般无规律性；深层或贯穿性的裂缝，方向一般与主钢筋方向平行或接近于平行，与架立钢筋方向垂直或接近于垂直，缝宽大小不一，裂缝沿长度方向无大的变化，缝宽受温度变化的影响较明显。

（4）应力缝

属于深层或贯穿性的裂缝。其走向基本上与主应力方向垂直，与主钢筋方向垂直或接近垂直，缝宽一般较大，且沿长度或深度方向有显著的变化，受温度变化的影响较小。

（5）施工缝

属于深层或贯穿性的裂缝。走向与工作缝面一致，竖直施工缝开缝宽度较大，水平施工缝一般宽度较小。

2.混凝土坝裂缝的成因

（1）设计方面的原因

主要包括：①结构断面过于单薄，孔洞面积所占比例过大，或配筋不够以及钢筋布置不当等，致使结构强度不足，建筑物抗裂性能降低；②分缝分块不当，块长或分缝间距过大，错缝分块时搭接长度不够，温度控制不当，造成温差过大，使温度应力超过允许值；③基础处理不当，引起基础不均匀沉陷或扬压力增大，使坝体内局部区域产生较大的拉应力或剪应力而造成裂缝。

（2）施工方面的原因

主要包括：①混凝土养护不当，使混凝土水分消失过快而引起干缩；②基础处理、分缝分块、温度控制或配筋等未按设计要求施工；③施工质量控制不严，使混凝土的均匀性、密实性和抗裂性降低；④模板强度不够，或振捣不慎，使模板发生变形或位移；⑤施工缝处理不当，或出现冷缝时未按工作缝要求进行处理；⑥混凝土凝结过程中，在外界温度骤降时，没有做好保温措施，使混凝土表面剧烈收缩；⑦使用了收缩性较大的水泥，使混凝土产生过度收缩或膨胀。

（3）管理运用方面的原因

主要包括：①建筑物在超载情况下使用，承受的应力大于允许应力；②维护不当，或冰冻期间未做好防护措施等。

（4）其他方面的原因

由于地震、爆破、冰凌、台风和超标准洪水等引起建筑物的振动，或超设计荷载作用而发生裂缝。

（二）砌石坝产生裂缝的原因

（1）坝体温差过大

温降时坝体产生收缩，若材料受约束而不能自由变形时，坝体内出现拉应力，当拉应力超过材料的抗拉强度时，坝体中产生裂缝。这种裂缝为温度裂缝。

（2）地基不均匀沉陷

地基中存在软弱夹层，或节理裂隙发育，风化不一，受力后使坝体产生不均匀沉陷，使砌体局部产生较大的拉应力或剪应力。这种裂缝为沉陷缝。

（3）坝体应力不足

由于砌体石料强度不够，或砂浆标号太低，超标准运用，施工质量控制不严，当坝体受力后，因抗拉、抗压和抗剪强度不够而产生应力裂缝。

二、混凝土坝裂缝处理方法

（一）处理目的及方法选择

混凝土坝裂缝处理的目的是恢复其整体性，保持混凝土的强度、耐久性和抗渗性。一般裂缝宜在低水头或地下水位较低时修补，而且要在适宜于修补材料凝固的温度或干燥条件下进行；水下裂缝如必须在水下修补时，应选用相应的修补材料和方法。

（1）对龟裂缝或开度大于0.5mm的裂缝，可在表面涂抹环氧砂浆或表面粘贴条状砂浆，有些裂缝可以进行表面凿槽嵌补或喷浆处理。（2）对微细裂缝，可在迎水面做表面涂抹水泥砂浆、喷浆或增做防水层处理。（3）对渗漏裂缝，视情况轻重可在渗水出口处进行表面凿槽后嵌补水泥砂浆或环氧材料，或钻孔进行内部灌浆处理。（4）对结构强度有影响的裂缝，可浇筑新混凝土或钢筋混凝土进行补强，还可视情况进行灌浆、喷浆、钢筋锚固或预应力锚索加固等处理。（5）对温度缝和伸缩缝，可用环氧砂浆粘贴橡皮等柔性材料修补，也可用喷浆、钻孔灌浆或表面凿槽嵌补沥青砂浆或环氧砂浆等方法修补。（6）对施工冷缝，可采用钻孔灌浆、喷浆或表面凿槽嵌补进行处理。

（二）裂缝的表层处理方法

1.表面涂抹

（1）普通水泥砂浆涂抹

先将裂缝附近的混凝土凿毛后清洗干净，并洒水使之保持湿润，用标号不低于425号的水泥和中细砂以1：1～1：2的灰砂比拌成砂浆涂抹其上。将水泥

砂浆一次或分几次抹完，一次涂抹过厚容易在侧面和顶部引起流淌或因自重下坠脱壳，太薄容易在收缩时引起开裂。涂抹的总厚度一般为1.0～2.0cm，最后用铁抹压实、抹光。涂抹3～4h后需洒水养护，并避免阳光直射，防止收浆过程中发生干裂或受浆。

（2）防水快凝砂浆涂抹

为加速凝固和提高防水性能，可在水泥砂浆内加入防水剂，即快凝剂。防水剂可采用成品，也可自行配制。涂抹时，先将裂缝凿成深约2cm、宽约20cm的毛面，清洗干净并保持表面湿润，然后在其上涂刷一层厚约1mm的防水快凝灰浆，硬化后即涂抹一层厚约0.5～1.0cm防水快凝砂浆，待硬化后再抹一层防水快凝灰浆，又抹一层防水快凝砂浆，逐层交替涂抹，直至与原混凝土面平齐为止。

（3）环氧砂浆涂抹

环氧砂浆的配方及配制工艺可参见有关参考资料。根据裂缝的环境分别选用不同的配方。对干燥状态的裂缝可用普通环氧砂浆；对潮湿状态的裂缝，则宜用环氧焦油砂浆或用以酮亚胺作固化剂的环氧砂浆。

2.表面贴补

表面贴补就是用粘胶剂把橡皮或其他材料粘贴在裂缝部位的混凝土面上，达到封闭裂缝、防渗堵漏的目的。

（1）橡皮贴补

在处理好的表面刷一层环氧基液，再铺一层厚5mm的环氧砂浆，并在环氧砂浆中间顺裂缝方向划开宽3mm的缝，缝内填以石棉线，然后将粘贴面刷有一层环氧基液的橡皮从裂缝的一端开始铺贴在刚涂抹好的环氧砂浆上。铺贴时要用力均匀压紧，直至浆液从橡皮边缘挤出。为使橡皮不致翘起，需用包有塑料薄膜的木板将橡皮压紧。在橡皮表面刷一层环氧基液，再抹一层环氧砂浆以防止橡皮老化。

（2）玻璃丝布贴补

玻璃丝布一般采用无碱玻璃纤维织成。其强度高，耐久性好，气泡易排除，施工方便。玻璃布贴补的粘胶剂多为环氧基液。玻璃布粘贴前要将混凝土面凿毛，并冲洗干净，使表面无油污灰尘，如果表面不平整，可先用环氧砂浆抹平。粘贴时，先在粘贴面上均匀刷一层环氧基液（不能有气泡产生），然后展平、拉直玻璃布，放置并抹平使之紧贴混凝土面上，再用刷子或其他工具在玻璃布面上刷一遍，使环氧基液浸透玻璃布并溢出，接着又在玻璃布上刷环氧基液。按同样方法粘贴第二层玻璃布，但上层玻璃布应比下层玻璃布稍宽 1~2cm，以便压力。玻璃布的层数视情况而定，一般粘贴 2~3 层即可。

（3）紫铜片和橡皮联合贴补

沿裂缝凿一条宽20cm，深5cm的槽，槽的上部向两侧各扩大10cm凿毛面，槽内和凿毛面均清洗干净。槽底用厚为15mm的水泥砂浆填平，待凝固干燥后刷一层环氧基液，再抹上厚为5mm的环氧砂浆，随即将剪裁好的紫铜片紧贴在环氧砂浆上，并用支撑压紧。在紫铜片上刷一层环氧基液，再填抹厚为20mm的水泥砂浆，干燥后在其上刷一层环氧基液和环氧砂浆，然后用橡皮贴上压紧。

3.凿槽嵌补

此方法是沿混凝土裂缝凿一条深槽，槽内嵌填各种防水材料，以防渗水，主要适用于修补对结构强度没有影响的裂缝。

嵌补的沥青材料有沥青油膏、沥青砂浆和沥青麻丝三种。沥青油膏是以石油沥青为主要材料，加入适量的松焦油、硫化鱼油以改善其黏结性、弹性和抗老化性，加入重松节油提高其和易性及结膜性，加入石棉和滑石粉改善其感温性和保油性。这种油膏常用于预制混凝土屋面嵌缝，也可嵌补水工建筑物不渗水裂缝。沥青砂浆是由沥青、砂子及填充料制成，并要求在较高温度下施工，否则，温度降低会变硬，不易操作。沥青麻丝是将麻丝或石棉绳在沥青中浸煮后，用工具将其嵌填入缝内，填好后用水泥砂浆封面保护。嵌补时每次用量不宜过多，要逐层将其嵌入缝内。

（三）裂缝的内部处理方法

裂缝的内部处理方法通常为钻孔灌浆。灌浆材料常用水泥和化学材料，可根据裂缝的性质、开度及施工条件等具体情况选定。对开度大于0.3mm的裂缝，一般采用水泥灌浆；对开度小于0.3mm的裂缝，宜采用化学灌浆；而对于渗透流速较大或受温度变化影响的裂缝，则不论其开度如何，均宜采用化学灌浆的处理方法。

1.水泥灌浆

施工程序为：钻孔→冲洗→止浆或堵漏→管路安装→压水试验→灌浆→封孔→质检。

一般采用风钻钻孔，孔径 36~56mm，孔距 1.0~1.5m。如为多排钻孔应布置成梅花形，灌浆孔的孔径要均匀。每条裂缝钻孔完毕后进行冲洗，顺序为按竖向排列孔自上而下逐孔进行，接着进行止浆或堵漏处理。处理方法有水泥砂浆涂抹、环氧砂浆涂抹、凿槽嵌堵和胶泥粘贴。灌浆管一般采用直径为19~38mm的钢管，钢管上部加工丝扣，安装前先在外壁裹旧棉絮，并用麻丝捆紧，然后用管子钳旋入孔中，埋入深度可根据孔深和灌浆压力的大小确定。孔口、管壁周围的空隙可用旧棉絮或其他材料塞紧，并用水泥砂浆封堵，以防止冒浆或灌浆管从孔口脱出。通过压水试验判断裂缝是否阻塞，检查管路及止浆堵漏效果，然后进行灌浆。灌浆材料一般为高标号普通硅酸盐水泥，灌浆压力一般采用0.3～0.5MPa，以保证裂缝的可灌性，提高浆体结石质量，而又不引起建筑物发生有害变形。

2.化学灌浆

化学灌浆具有良好的可灌性，可灌入0.3mm或更小些的细裂缝，并能适应各种情况下的堵漏防渗处理，特别能堵住涌水。凡是不能用水泥灌浆进行内部处理的裂缝，均可采用化学灌浆。

化学灌浆的施工程序为：钻孔→压气检验→止浆→试漏→灌浆→封孔→检查。

化学灌浆的布孔方式分为骑缝孔和斜孔两种。

骑缝孔的钻孔工作量小，孔内占浆少，且缝面不易被钻孔灰粉堵塞。但缝面止浆要求高，灌浆压力受限制，扩散范围较小。斜孔的优缺点和骑缝孔相反，并根据裂缝的深度和结构物的厚度，可分别布置成单排孔或多排孔。

对于结构物厚度不大的裂缝，应尽量采用骑缝灌浆。如为大体积建筑物，且裂缝较深，浆液扩散范围不能满足要求时，则应用斜孔辅助。骑缝孔多采用灌浆嘴施灌，斜孔一般埋设灌浆管施灌。孔距一般采用1.5～2.0m，孔径为30～36mm。对于甲凝及环氧树脂等憎水性材料，最好采用压气检验的方法，对于丙凝、聚氨酯等亲水性材料，可用压水试验的方法。压水时可在水中加入颜料，以便观察。化学灌浆材料的渗透性较好，造价高，为保证灌浆质量，节省浆液，要求对缝面进行严格而又细致的止浆。灌浆压力可根据灌浆材料、结构物的厚度、缝面止浆情况以及灌浆设备的允许压力而定。对于坝体裂缝灌浆，当采用甲凝或环氧树脂时，灌浆压力一般可选用0.4～0.5MPa；当采用丙凝等材料时，灌浆压力一般可采用0.3～0.5MPa，结束压力可选用0.6～0.7MPa，灌注时压力由低到高，当压力骤升而停止吸浆时，即可停止灌浆。

灌浆方法有单液法和双液法两种。

（四）浆砌石坝裂缝处理方法

浆砌石坝体裂缝处理的目的是增强坝体整体性，提高坝体的抗渗能力，恢复或加强坝体的结构强度。处理的具体方法有：填塞封闭裂缝，加厚坝体，灌浆处理和表面粘补等四种。

1.填塞封闭裂缝

这种方法是当库水位下降时，先将裂缝凿深约5cm，并洗净缝内的砂浆，用水泥砂浆仔细勾缝堵塞，并常做成凸缝，以增加耐久性。对于内部裂缝则以水灰比较大的砂浆灌填密实。

裂缝填塞后，能提高坝体抗渗能力和局部整体性。对于稳定的温度裂缝和错缝不大的沉陷缝，均可采用这种方法。处理工作尽量安排在低温时进行。否则高温下处理，温降干缩时又会出现裂缝。

2.加厚坝体

对于坝体单薄、强度不够所产生的应力裂缝和贯穿整个坝体的沉陷缝，根本的处理方法是加厚坝体，以增强坝体的整体性和改善坝体应力状态。坝体加厚的尺寸，应由应力核算确定。

3.灌浆处理

对于多种原因造成的数量众多的贯穿性裂缝，常用灌浆处理。灌浆材料可根据裂缝的大小、渗漏情况和施工条件确定。当裂缝大于 0.1～0.2mm 时，多采用水泥灌浆，当裂缝小于 0.1～0，2mm 时，应采用硅酸钠灌浆或其他化学灌浆。

4.表面粘补

对于随气温或坝体变形而变化，但尚未稳定的裂缝，可采用表面粘补的方法处理。这些裂缝并不影响坝体结构的受力条件。通常用环氧基液粘贴橡皮、玻璃丝布或塑料布等，粘贴在裂缝的上游面，以防止沿裂缝渗漏并适应裂缝的活动变化。

第六章　管道工程施工

第一节　水利工程常用管道概述

随着经济的快速发展，水利工程建设进入高速发展阶段，许多项目中管道工程占有很大的比例，因此合理的进行管道设计不但能满足工程的实际需要，还能给工程带来有效的投资控制。目前管材的类型趋于多样化发展，主要有球墨铸铁管、钢管、玻璃钢管、塑料管（PVC-U管，PE管）以及钢筋混凝土管等。

一、铸铁管

铸铁管具有较高的机械强度及承压能力，有较强的耐腐蚀性，接口方便，易于施工。其缺点在于不能承受较大的动荷载及质脆。按制造材料分为普通灰口铸铁管和球墨铸铁管，较为常用的为球墨铸铁管。

球墨铸铁和普通铸铁里均含有石墨单体，即铸铁是铁和石墨的混合体。但普通铸铁中的石墨是片状存在的，石墨的强度很低，所以相当于铸铁中存在许多片状的空隙，因此普通铸铁强度比较低，较脆。球墨铸铁中的石墨是呈球状的，相当于铸铁中存在许多球状的空隙。球状空隙对铸铁强度的影响远比片状空隙小，所以球墨铸铁强度比普通铸铁强度高许多，球墨铸铁的性能接近于中碳钢，但价格比钢材便宜得多。

球墨铸铁管是在铸造铁水经添加球化剂后，经过离心机高速离心铸造成的低压力管材，一般应用管材直径可达3000mm。其机械性能得到了较好的改善，具有铁的本质、钢的性能。防腐性能优异、延展性能好，安装简易，主要用于输水、输气、输油等。

目前我国球墨铸铁管具备一定生产规模的厂家一般都是专业化生产线，产品数量及质量性能稳定，其刚度好，耐腐蚀性好，使用寿命长，承受压力较高。如果用T型橡胶接口，其柔性好，对地基适应性强，现场施工方便，施工条件要求不高，其缺点是价格较高。

（一）球墨铸铁管分类

按其制造方法不同可分为：砂型离心承插直管、连续铸铁直管及砂型铁管。

按其所用的材质不同可分为：灰口铁管、球墨铸铁管及高硅铁管。铸铁管多用于给水、排水和煤气等管道工程。

1.给水铸铁管

①砂型离心铸铁直管

砂型离心铸铁直管的材质为灰口铸铁，适用于水及煤气等压力流体的输送。

②连续铸铁直管

连续铸铁直管即连续铸造的灰口铸铁管，适用于水及煤气等压力流体的输送。

2.排水铸铁管

普通排水铸铁承插管及管件。柔性抗震接口排水铸铁直管，此类铸铁管采用橡胶圈密封、螺栓紧固，在内水压下具有良好的挠曲性、伸缩性。能适应较大的轴向位移和横向曲挠变形，适用于高层建筑室内排水管，对地震区尤为合适。

（二）接口形式

承插式铸铁管刚性接口抗应变性能差，受外力作用时，无塔供水设备接口填料容易碎裂而渗水，尤其在弱地基、沉降不均匀地区和地震区接口的破坏率较高。因此应尽量采取柔性接口。

目前采用的柔性接口形式有滑入式橡胶圈接口、R形橡胶圈接口、柔性机械式接口A型及柔性机械式接口K形。

机械式接口密封性能良好，试验时内水压力达到2MPa时无渗漏现象，轴向位移及折角等指标均达到很高水平，但成本较高。

二、钢管

钢管是经常采用的管道。其优点是管径可随需要加工，承受压力高、耐振动、薄而轻及管节长而接口少，接口形式灵活，单位管长重量轻，渗漏小节省管件，适合较复杂地形穿越，可现场焊接，运输方便等。钢管一般用于管径要求大、受水压力高管段，及穿越铁路、河谷和地震区等管段。缺点是易锈蚀影响使用寿命、价格较高，故需做严格防腐绝缘处理。

三、玻璃钢管

玻璃钢管也称玻璃纤维缠绕夹砂管（RPM管）。主要以玻璃纤维及其制品为增强材料，以高分子成分的不饱和聚酯树脂、环氧树脂等为基本材料，以石英砂及碳酸钙等无机非金属颗粒材料为填料作为主要原料。管的标准有效长度为6m和12m，其制作方法有定长缠绕工艺、离心浇铸工艺以及连续缠绕工艺三种。目前在水利工程中已被多个领域采用，如长距离输水、城市供水、输送污水等方面。

玻璃钢管是近年来在我国兴起的新型管道材料，优点是管道糙率低，一般按n=0.0084计算时其选用管径较球墨铸铁管或钢管小一级，可降低工程造价，且管道自重轻，运输方便，施工强度低，材质卫生，对水质无污染，耐腐蚀性能好。其缺点是管道本身承受外压能力差，对施工技术要求高，生产中人工因素较多，如管道管件、三通、弯头生产，必须有严格的质量保证措施。

玻璃钢管特点：（1）耐腐蚀性好，对水质无影响。玻璃钢管道能抵抗酸、碱、盐、海水、未经处理的污水、腐蚀性土壤或地下水及众多化学流体的侵蚀。比传统管材的使用寿命长，其设计使用寿命一般为50年以上。（2）耐热性、抗冻性好。在-30℃状态下，仍具有良好的韧性和极高的强度，可在-50℃～80℃的范围内长期使用。（3）自重轻、强度高，运输安装方便。采用纤维缠绕生产的夹砂玻璃钢管道，其比重在1.65～2.0，环向拉伸强度为180～300MPa，轴向拉伸强度为60～150MPa。（4）摩擦阻力小，输水水头损失小。内壁光滑，糙率和摩阻力很小。糙率系数可达0.0084，能显著减少沿程的流体压力损失，提高输水能力。（5）耐磨性好。

四、塑料管

塑料管一般是以塑料树脂为原料，加入稳定剂、润滑剂等经熔融而成的制品。由于它具有质轻、耐腐蚀、外形美观、无不良气味、加工容易、施工方便等特点，在建筑工程中获得了越来越广泛的应用。

（一）塑料管材特性

塑料管的主要优点是具有表面光滑、输送流体阻力小、耐蚀性能好、质量轻、成型方便、加工容易，缺点是强度较低，耐热性差。

（二）塑料管材分类

塑料管有热塑性塑料管和热固性塑料管两大类。热塑性塑料管采用的主要树脂有聚氯乙烯树脂（PVC）、聚乙烯树脂（PE）、聚丙烯树脂（PP）、聚苯乙烯树脂（PS）、丙烯腈-丁二烯-苯乙烯树脂（ABS）、聚丁烯树脂（PB）等；热固性塑料采用的主要树脂有不饱和聚酯树脂、环氧树脂、呋喃树脂、酚醛树脂等。

五、混凝土管

混凝土管分为素混凝土管、普通钢筋混凝土管、自应力钢筋混凝土管和预应力混凝土管四类。按混凝土管内径的不同，可分为小直径管（内径400mm以下）、中直径管（400～1400mm）和大直径管（1400mm以上）。按管子承受水压能力的不同，可分为低压管和压力管，压力管的工作压力一般有0.4、0.6、0.8.1.0、1.2MPa等。混凝土管与钢管比较，按管子接头形式的不同，又可分为平口式管、承插式管和企口式管。其接口形式有水泥砂浆抹带接口、钢丝网水泥砂浆抹带接口、水泥砂浆承插和橡胶圈承插等。

成型方法有离心法、振动法、滚压法、真空作业法以及滚压、离心和振动联合作用的方法。预应力管配有纵向和环向预应力钢筋，因此具有较高的抗裂和抗渗能力。20世纪80年代，中国和其他一些国家发展了自应力钢筋混凝土管，其主要特点是利用自应力水泥在硬化过程中的膨胀作用产生预应力，简化了制造工艺。混凝土管与钢管比较，可以大量节约钢材，延长使用寿命，且建厂投资少，铺设安装方便，已在工厂、矿山、油田、港口、城市建设和农田水利工程中得到广泛的应用。

混凝土管的优点是抗渗性和耐久性能好，不会腐蚀及腐烂，内壁不结垢等；缺点是质地较脆易碰损、铺设时要求沟底平整，且需做管道基础及管座，常用于大型水利工程。

预应力钢筒混凝土管（PCCP）是由带钢筒的高强混凝土管芯缠绕预应力钢丝，再喷以水泥砂浆保护层而构成；用钢制承插口和钢筒焊在一起，由承插口上的凹槽与胶圈形成滑动式柔性接头；是钢板、混凝土、高强钢丝和水泥砂浆几种材料组合而成的复合型管材，主要有内衬式和嵌置式形式。在水利工程中应用广泛，如跨区域输水、农业灌溉、污水排放等。

预应力钢筒混凝土管（PCCP）也是近年在我国开始使用的新型管道材料，具有强度高、抗渗性好、耐久性强，不需防腐等优点，且价格较低。缺点是自重大，运输费用高，管件需要做成钢制，在大批量使用时，可在工程附近建厂加工制作，减少长途运输环节，缩短工期。

PCCP管道的特点：（1）能够承受较高的内外荷载。（2）安装方便，适宜于各种地质条件下施工。（3）使用寿命长。（4）运行和维护费用低。

PCCP管道工程设计、制造、运输和安装难点集中在管道连接处。管件连接的部位主要有：顶管两端连接、穿越交叉构筑物及河流等竖向折弯处、管道控制阀、流量计、入流或分流叉管及排气检修设施两端。

第二节　管道开槽法施工

一、沟槽的形式

沟槽的开挖断面应考虑管道结构的施工方便，确保工程质量和安全，具有一定强度和稳定性，同时也应考虑少挖方、少占地、经济合理的原则。在了解开挖地段的土壤性质及地下水位情况后，可结合管径大小、埋管深度、施工季节、地下构筑物等情况，施工现场及沟槽附近地下构筑物的位置因素来选择开挖方法，并合理地确定沟槽开挖断面。常采用的沟槽断面形式有直槽、梯形槽、混合槽等；当有两条或多条管道共同埋设时，还需采用联合槽。

1.直槽

即槽帮边坡基本为直坡（边坡小于0.05.的开挖断面）。直槽一般都用于地质情况好、工期短、深度较浅的小管径工程，如地下水位低于槽底，直槽深度不超过1.5m的情况。在地下水位以下采用直槽时则需考虑支撑。

2.梯形槽（大开槽）

即槽帮具有一定坡度的开挖断面，开挖断面槽帮放坡，不用支撑。槽底如在地下水位以下，目前多采用人工降低水位的施工方法，减少支撑。采用此种大开槽断面，在土质好（如黏土、亚黏土）时，即使槽底在地下水以下，也可以在槽底挖成排水沟，进行表面排水，保证其槽帮土壤的稳定。大开槽断面是应用较多的一种形式，尤其适用于机械开挖的施工方法。

3.混合槽

即由直槽与大开槽组合而成的多层开挖断面，较深的沟槽宜采用此种混合槽分层开挖断面。混合槽一般多为深槽施工。采取混合槽施工时上部槽尽可能采用机械施工开挖，下部槽的开挖常需同时考虑采用排水及支撑的施工措施。

沟槽开挖时，为防止地面水流入坑内冲刷边坡，造成塌方和破坏基土，上部应有排水措施。对于较大的井室基槽的开挖，应先进行测量定位，抄平放线，定出开挖宽度，按放线分层挖土，根据土质和水文情况采取在四侧或两侧直立开挖和放坡，以保证施工操作安全。放坡后基槽上口宽度由基础底面宽度及边坡坡度来决定，坑底宽度应根据管材、管外径和接口方式等确定，以便于施工操作。

二、开挖方法

沟槽开挖有人工开挖和机械开挖两种施工方法。

（一）人工开挖

在小管径、土方量少或施工现场狭窄、地下障碍物多、不易采用机械挖土或深槽作业时，底槽需支撑无法采用机械挖土时，通常采用人工挖土。

人工挖土使用的主要工具为铁锹、镐，主要施工工序为放线、开挖、修坡、清底等。

沟槽开挖须按开挖断面先求出中心到槽口边线距离，并按此在施工现场施放开挖边线。槽深在2m以内的沟槽，人工挖土与沟槽内出土结合在一起进行。较深的沟槽，分层开挖，每层开挖深度一般在2~3m为宜，利用层间留台人工倒土出土。在开挖过程中应控制开挖断面将槽帮边坡挖出，槽帮边坡应不陡于规定坡度，检查时可用坡度尺检验，外观检查不得有亏损、鼓胀现象，表面应平顺。

槽底土壤严禁扰动。挖槽在接近槽底时，要加强测量，注意清底，不要超挖。如果发生超挖，应按规定要求进行回填，槽底应保持平整，槽底高程及槽底中心每侧宽度均应符合设计要求，同时满足土方槽底高程偏差不大于±20mm，石方槽底高程偏差−20~−200mm。

沟槽开挖时应注意施工安全，操作人员应有足够的安全施工工作面，防止铁锹、镐碰伤。槽帮上如有石块碎砖应清走。原沟槽每隔50m设一座梯子，上下沟槽应走梯子。在槽下作业的工人应戴安全帽。当在深沟内挖土清底时，沟上要有专人监护，注意沟壁的完好，确保作业的安全，防止沟壁塌方伤人。每日上下班前，应检查沟槽有无裂缝、坍塌等现象。

（二）机械开挖

目前使用的挖土机械主要有推土机、单斗挖土机、装载机等。机械挖土的特点是效率高、速度快、占用工期少。为了充分发挥机械施工的特点，提高机械利用率，保证安全生产，施工前的准备工作应做细，并合理选择施工机械。沟槽（基坑）的开挖，多是采用机械开挖、人工清底的施工方法。

机械挖槽时，应保证槽底土壤不被扰动和破坏。一般地，机械不可能准确地将槽底按规定高程整平，设计槽底以上宜留20~30cm不挖，而用人工清挖的施工方法。

采用机械挖槽方法，应向司机详细交底，交底内容一般包括挖槽断面（深度、槽帮坡度、宽度）的尺寸、堆土位置、电线高度、地下电缆、地下构筑物及施工要求，并根据情况会同机械操作人员制定安全生产措施后，方可进行施工。机械司机进入施工现场，应听从现场指挥人员的指挥，对现场涉及机械、人员安全的情况应及时提出意见，妥善解决，确保安全。

指定专人与司机配合，保质保量，安全生产。其他配合人员应熟悉机械挖土有关安全操作规程，掌握沟槽开挖断面尺寸，算出应挖深度，及时测量槽底高程和宽度，防止超挖和亏挖，经常查看沟槽有无裂缝、坍塌迹象，注意机械工作安全。挖掘前，当机械司机释放喇叭信号后，其他人员应离开工作区，维护施工现场安全。工作结束后指引机械开到安全地带，当指引机械工作和行动时，注意上空线路及行车安全。

配合机械作业的土方辅助人员，如清底、平地、修坡人员应在机械的回转半径以外操作，如必须在其半径以内工作时，如拨动石块的人员，则应在机械运转停止后方允许进入操作区。机上机下人员应彼此密切配合，当机械回转半径内有人时，应严禁开动机器。

在地下电缆附近工作时，必须查清地下电缆的走向并做好明显的标志。采用挖土机挖土时，应严格保持在 1m 以外距离工作。其他各类管线也应查清走向，开挖断面应在管线外保持一定距离，一般以 0.5 ~ 1m 为宜。

无论是人工挖土还是机械开挖，管沟应以设计管底标高为依据。要确保施工过程中沟底土壤不被扰动，不被水浸泡，不受冰冻，不遭污染。当无地下水时，挖至规定标高以上 5 ~ 10cm 即可停挖；当有地下水时，则挖至规定标高以上 10 ~ 15cm，待下管前清底。

挖土不容许超过规定高程，若局部超挖应认真进行人工处理，当超挖在 15cm 之内又无地下水时，可用原状土回填夯实，其密实度不应低于 95%；当沟底有地下水或沟底土层含水量较大时，可用砂夹石回填。

三、下管

下管方法有人工下管法和机械下管法。应根据管子的重量和工程量的大小、施工环境、沟槽断面、工期要求及设备供应等情况综合考虑确定。

（一）人工下管法

人工下管应以施工方便、操作安全为原则，可根据工人操作的熟练程度、管子重量、管子长短、施工条件、沟槽深浅等因素综合考虑。其适用范围为：管径小，自重轻；施工现场狭窄，不便于机械操作；工程量较小，而且机械供应有困难。

1.贯绳下管法

适用于管径小于 30cm 以下的混凝土管、缸瓦管。用带铁钩的粗白棕绳，由管内穿出钩住管头，然后一边用人工控制白棕绳，一边滚管，将管子缓慢送入沟槽内。

2.压绳下管法

压绳下管法是人工下管法中最常用的一种方法。

适用于中、小型管子，方法灵活，可作为分散下管法。具体操作是在沟槽上边打入两根撬棍，分别套住一根下管大绳，绳子一端用脚踩牢，用手拉住绳子另一端，听从一人号令，徐徐放松绳子，直至将管子放至沟槽底部。

当管子自重大，一根撬棍的摩擦力不能克服管子自重时，两边可各自多打入一根撬棍，以增大绳的摩擦阻力。

3.集中压绳下管法

此种方法适用较大管径，即从固定位置往沟槽内下管，然后在沟槽内将管子运至稳管位置。在下管处埋入1/2立管长度，内填土方，将下管用两根大绳缠绕（一般绕一圈）在立管上，绳子一端固定，另一端由人工操作，利用绳子与立管之间的摩擦力控制下管速度。操作时注意两边放绳要均匀，防止管子倾斜。

4.搭架法（吊链下管）

常用有三脚架式四脚架法，在架子上装上吊链起吊管子。

其操作过程如下：先在沟槽上铺上方木，将管子滚至方木上。吊链将管子吊起，撤出原铺方木，操作吊链使管子徐徐下入沟底。下管用的大绳应质地坚固、不断股、不糟朽、无夹心。

（二）机械下管法

机械下管速度快、安全，并且可以减轻工人的劳动强度。条件允许时，应尽可能采用机械下管法。其适用范围为：管径大，自重大；沟槽深，工程量大；施工现场便于机械操作。

机械下管一般沿沟槽移动。因此，沟槽开挖时应一侧堆土，另一侧作为机械工作面、运输道路、管材堆放场地。管子堆放在下管机械的臂长范围之内，以减少管材的二次搬运。

机械下管视管子重量选择起重机械，常用有汽车起重机和履带式起重机。采用机械下管时，应设专人统一指挥。机械下管不应一点起吊，采用两点起吊时吊绳应找好重心，平吊轻放。各点绳索受的重力与管子自重、吊绳的夹角有关。

起重机禁止在斜坡地方吊着管子回转，轮胎式起重机作业前将支腿撑好，轮胎不应承担起吊的重量。支腿距沟边要有2.0m以上距离，必要时应垫木板。在起吊作业区内，禁止无关人员停留或通过。在吊钩和被吊起的重物下面，严禁任何人通过或站立。起吊作业不应在带电的架空线路下作业，在架空线路同侧作业时，起重机臂杆距架空线保持一定安全距离。

四、稳管

稳管是将每节符合质量要求的管子按照设计的平面设置和高程稳在地基或基础上。稳管包括管子对中和对高程两个环节，两者同时进行。

（一）管轴线位置的控制

管轴线位置的控制是指所铺设的管线符合设计规定的坐标位置。其方法是在稳管前由测量人员将管中心钉测设在坡度板上，稳定时由操作人员将坡度板上中心钉挂上小线，即为管子轴线位置。稳、管具体操作方法有中心线法和边线法。

1.中心线法。

即在中心线上挂一垂球，在管内放置一块带有中心刻度的水平尺，当垂球线穿过水平尺的中心刻度时，则表示管子已经对中。倘若垂线往水平尺中心刻度左边偏离，表明管子往右偏离中心线相等一段距离，调整管子位置，使其居中为止。

2.边线法。

即在管子同一侧，钉一排边桩，其高度接近管中心处。在边桩上钉一小钉，其位置距中心垂线保持同一常数值。稳、管时，将边桩上的小钉挂上边线，即边线是与中心垂线相距同一距离的水平线。在稳管操作时，使管外皮与边线保持同一间距，则表示管道中心处于设计轴线位置。边线法稳管操作简便，应用较为广泛。

（二）管内底高程控制

沟槽开挖接近设计标高，由测量人员埋设坡度板，坡度板上标出桩号、高程和中心钉，坡度板埋设间距，排水管道一般为 10m，给水管道一般为 15~20m。管道平面及纵向折点和附属构筑物处，根据需要增设坡度板。

相邻两块坡度板的高程钉至管内底的垂直距离保持一常数，则两个高程钉的连线坡度与管内底坡度相平行，该连线称坡度线。坡度线上任何一点到管内底的垂直距离为一常数，称为下反数，稳管时，用一木制丁字形高程尺，上面标出下反数刻度，将高程尺垂直放在管内底中心位置，调整管子高程，使高程尺下反数的刻度与坡度线相重合，则表明管内底高程正确。

稳管工作的对中和对高程两者同时进行，根据管径大小，可由 2 人或 4 人进行，互相配合，稳好后的管子用石块垫牢。

五、沟槽回填

管道主要采用沟槽埋设的方式，由于回填土部分和沟壁原状土不是一个整体结构，整个沟槽的回填土对管顶存在一个作用力，而压力管道埋设于地下，一般不做人工基础，回填土的密实度要求虽严，实际上若达到这一要求并不容房，因此管道在安装及输送介质的初期一直处于沉降的不稳定状态。对土壤而言，这种沉降通常可分为三个阶段，第一阶段是逐步压缩，使受扰动的沟底土壤受压；第二阶段是土壤在它弹性限度内的沉降；第三阶段是土壤受压超过其弹性限度的压实性沉降。

对于管道施工的工序而言，管道沉降分为五个过程：管子放入沟内，由于管材自重使沟底表层的土壤压缩，引起管道第一次沉降，如果管子入沟前没挖接头坑，在这一沉降过程中，当沟底土壤较密、承载能力较大、管道口径较小时，管和土的接触主要在承口部位；开挖接头坑，使管身与土壤接触或接触面积的变化，引起第二次沉降；管道灌满水后，因管重变化引起第三次沉降；管沟回填土后，同样引起第四次沉降；实践证明，整个沉降过程不因沟槽内土的回填而终止，它还有一个较长时期的缓慢的沉降过程，这就是第五次沉降。

管道的沉降是管道垂直方向的位移，是由管底土壤受力后变形所致，不一定是管道基础的破坏。沉降的快慢及沉降量的大小，随着土壤的承载力、管道作用于沟底土壤的压力、管道和土壤接触面形状的变化而变化。

如果管底土质发生变化，管接口及管道两侧（胸腔）回填土的密实度不好，就可能发生管道的不均匀沉降，引起管接口的应力集中，造成接口漏水等事故；而这些漏水的发展又引起管基础的破坏，水土流移，反过来加剧了管道的不均匀沉降，最后导致管道更大程度的损坏。管道沟槽的回填，特别是管道胸腔土的回填极为重要，否则管道会因应力集中而变形、破裂。

第三节　管道不开槽法施工

一、掘进顶管法

掘进顶管法包括人工取土顶管法、机械取土顶管法和水力冲刷顶管法等。

（一）人工取土顶管法

人工取土顶管法是依靠人工在管内端部挖掘土壤，然后在工作坑内借助顶进设备，把敷设的管子按设计中心和高程的要求顶入，并用小车将土从管中运出。适用于管径大于800mm的管道顶进，应用较为广泛。

1.顶管施工的准备工作

工作坑是掘进顶管施工的主要工作场所，应有足够的空间和工作面，保证下管、安装顶进设备和操作间距。施工前，要选定工作坑的位置、尺寸及进行顶管后背验算。后背可分为浅覆土后背和深覆土后背，具体计算可按挡土墙计算方法确定。顶管时，后背不应当破坏及产生不允许的压缩变形。工作坑的位置可根据以下条件确定：（1）根据管线设计，排水管线可选在检查井处。（2）单向顶进时，应选在管道下游端，以利排水。（3）考虑地形和土质情况，选择可利用的原土后背。（4）工作坑与被穿越的建筑物要有一定安全距离，距水、电源地方较近。

2.挖土与运土

管前挖土是保证顶进质量及地上构筑物安全的关键，管前挖土的方向和开挖形状直接影响顶进管位的准确性。由于管子在顶进中是循着已挖好的土壁前进的，管前周围超挖应严格控制。

管前挖土深度一般等于千斤顶出镐长度，如土质较好，可超前0.5m。超挖过大，土壁开挖形状就不易控制，易引起管位偏差和上方土坍塌。在松软土层中顶进时，应采取管顶上部土壤加固或管前安设管檐，操作人员在其内挖土，防止坍塌伤人。

管前挖出土应及时外运。管径较大时，可用双轮手推车推运。管径较小应采用双筒卷扬机牵引四轮小车出土。

3.顶进

顶进是利用千斤顶出镐在后背不动的情况下将管子推向前进。其操作过程如下：（1）安装好顶铁挤牢，管前端已挖一定长度后，启动油泵，千斤顶进油，活塞伸出一个工作行程，将管子推向一定距离。（2）停止油泵，打开控制闸，千斤顶回油，活塞回缠。（3）添加顶铁，重复上述操作，直至需要安装下一节管子为止。（4）卸下顶铁，下管，在混凝土管接口处放一圈麻绳，以保证接口缝隙和受力均匀。（5）在管内口处安装一个内涨圈，作为临时性加固措施，防止顶进纠偏时错口，涨圈直径小于管内径5~8cm，空隙用木楔背紧，涨圈用7~8mm厚钢板焊制，宽200~300mm。（6）重新装好顶铁，重复上述操作。在顶进过程中，要做好顶管测量及误差校正工作。

（二）机械取土顶管法

机械取土顶管与人工取土顶管除了掘进和管内运土不同外，其余部分大致相同。机械取土顶管是在被顶进管子前端安装机械钻进的挖土设备，配上皮带运土，可代替人工挖、运土。

二、盾构法

盾构是用于地下不开槽法施工时进行地层开挖及衬砌拼装时起支护作用的施工设备，基本构造由开挖系统、推进系统和衬砌拼装系统三部分组成。

（一）施工准备

盾构施工前根据设计提供的图纸和有关资料，对施工现场应进行详细勘察，对地上、地下障碍物、地形、土质、地下水和现场条件等诸方面进行了解，根据勘察结果，编制盾构施工方案。

盾构施工的准备工作还应包括测量定线、衬块预制、盾构机械组装、降低地下水位、土层加固以及工作坑开挖等。

（二）盾构工作坑及始顶

盾构法施工也应当设置工作坑，作为盾构开始、中间和结束井。

开始工作坑与顶管工作坑相同，其尺寸应满足盾构和顶进设备尺寸的要求。工作坑周壁应做支撑或者采用沉井或连续墙加固，防止坍塌，并在顶进装置背后做好牢固的后背。

盾构在工作坑导轨上至盾构完全进入土中的这一段距离，借助外部千斤顶顶进。与顶管方法相同。

当盾构已进入土中以后，在开始工作坑后背与盾构衬砌环之间各设置一个木环，其大小尺寸与衬砌环相等，在两个木环之间用圆木支撑，作为始顶段的盾构千斤顶的支撑结构。一般情况下，衬砌环长度达30～50m以后，才能起到后背作用，方可拆除工作坑内圆木支撑。

如顶段开始后，即可起用盾构本身千斤顶，将切削环的刃口切入土中，在切削环掩护下进行掘土，一面出土一面将衬砌块运入盾构内，待千斤顶回镐后，其空隙部分进行砌块拼装。再以衬砌环为后背，启动千斤顶，重复上述操作，盾构便不断前进。

（三）衬砌和灌浆

按照设计要求，确定砌块形状和尺寸以及接缝方法，接口有平口、企口和螺栓连接。

企口接缝防水性能好，但拼装复杂；螺栓连接整体性好，刚度大。砌块接口涂抹黏结剂，提高防水性能，常用的黏结剂有沥青玛脂、环氧胶泥等。

砌块外壁与土壁间的间隙应用水泥砂浆或豆石混凝土浇筑。通常每隔3～5衬砌环有一灌注孔环，此环上设有4～10个灌注孔。灌注孔直径不小于36mm。

灌浆作业应及时进行。灌入顺序自下而上，左右对称地进行。灌浆时应防止浆液漏入盾构内，在此之前应做好止水。

砌块衬砌和缝隙注浆合称为一次衬砌。二次衬砌按照动能要求，在一次衬砌合格后，可进行二次衬砌。二次衬砌可浇筑豆石混凝土、喷射混凝土等。

第四节　管道的制作安装

一、钢管

（一）管材

管节的材料、规格、压力等级等应符合设计要求，管节宜工厂预制，现场加工应符合下列规定：（1）管节表面应无斑疤、裂纹、严重锈蚀等缺陷；（2）焊缝外观质量应符合规定，焊缝无损检验合格；（3）直焊缝卷管管节几何尺寸允许偏差应符合规定；（4）同一管节允许有两条纵缝，管径大于或等于600mm时，纵向焊缝的间距应大于300mm；管径小于600mm时，其间距应大于100mm。

（二）钢管安装

管道安装应符合现行国家标准规范的规定，并应符合下列规定：

（1）对首次采用的钢材、焊接材料、焊接方法或焊接工艺，施工单位必须在施焊前按设计要求和有关规定进行焊接试验，并应根据试验结果编制焊接工艺指导书；（2）焊工必须按规定经相关部门考试合格后持证上岗，并应根据经过评定的焊接工艺指导书进行施焊；（3）沟槽内焊接时，应采取有效技术措施保证管道底部的焊缝质量。

管道安装前，管节应逐根测量、编号。宜选用管径相差最小的管节组对对接。下管前应先检查管节的内外防腐层，合格后方可下管。管节组成管段下管时，管段的长度、吊距，应根据管径、壁厚、外防腐层材料的种类及下管方法确定。弯管起弯点至接口的距离不得小于管径，且不得小于100mm。管节组对焊接时应先修口、清根，管端端面的坡口角度、钝边、间隙，应符合设计要求；不得在对口间隙夹焊焊条或用加热法缩小间隙施焊。对口时应使内壁齐平，错口的允许偏差应为壁厚的20%，且不得大于2mm。

对口时纵、环向焊缝的位置应符合下列规定：（1）纵向焊缝应放在管道中心，垂线上半圆的45°左右处；（2）纵向焊缝应错开，管径小于600mm时，错开的间距不得小于100mm；管径大于或等于600mm时。错开的间距不得小于300mm；（3）有加固环的钢管，加固环的对焊焊缝应与管节纵向焊缝错开，其间距不应小于100mm；加固环距管节的环向焊缝不应小于50mm；（4）环向焊缝距支架净距离不应小于100mm；（5）直管管段两相邻环向焊缝的间距不应小于200mm，并不应小于管节的外径；（6）管道任何位置不得有十字形焊缝。

不同壁厚的管节对口时，管壁厚度相差不宜大于3mm。不同管径的管节相连时，两管径相差大于小管管径的15%时，可用渐缩管连接。渐缩管的长度不应小于两管径差值的2倍，且不应小于200mm。

管道上开孔应符合下列规定：（1）不得在干管的纵向、环向焊缝处开孔；（2）管道上任何位置不得开方孔；（3）不得在短节上或管件上开孔；（4）开孔处的加固补强应符合设计要求。

直线管段不宜采用长度小于800mm的短节拼接。组合钢管固定口焊接及两管段间的闭合焊接，应在无阳光直照和气温较低时施焊；采用柔性接口代替闭合焊接时，应与设计协商确定。

在寒冷或恶劣环境下焊接应符合下列规定：（1）清除管道上的冰、雪、霜等；（2）工作环境的风力大于5级、雪天或相对湿度大于90%时，应采取保护措施；（3）焊接时，应使焊缝可自由伸缩，并应使焊口缓慢降温；（4）冬期焊接时，应根据环境温度进行预热处理。

二、球墨铸铁管安装

管节及管件的规格、尺寸公差、性能应符合国家有关标准规定和设计要求，进入施工现场时其外观质量应符合下列规定：①管节及管件表面不得有裂纹，不得有妨碍使用的凹凸不平的缺陷；②采用橡胶圈柔性接口的球墨铸铁管，承口的内工作面和插口的外工作面应光滑、轮廓清晰，不得有影响接口密封性的缺陷。

管节及管件下沟槽前，应清除承口内部的油污、飞刺、铸砂及凹凸不平的铸瘤；柔性接口铸铁管及管件承口的内工作面、插口的外工作面应修整光滑，不得有沟槽、凸脊缺陷；有裂纹的管节及管件不得使用。

沿直线安装管道时，宜选用管径公差组合最小的管节组对连接，确保接口的环向间隙应均匀。采用滑入式或机械式柔性接口时，橡胶圈的质量、性能、细部尺寸，应符合国家有关球墨铸铁管及管件标准的规定。橡胶圈安装经检验合格后，方可进行管道安装。安装滑入式橡胶圈接口时，推入深度应达到标记环，并复查与其相邻已安好的第一至第二个接口推入深度。安装机械式柔性接口时，应使插口与承口法兰压盖的轴线相重合；螺栓安装方向应一致，用扭矩扳手均匀、对称地紧固。

三、PCCP管道

（一）PCCP管道运输、存放及现场检验

1.PCCP管道装卸

装卸PCCP管道的起重机必须具有一定的强度，严禁超负荷或在不稳定的工况下进行起吊装卸，管子起吊采用兜身吊带或专用的起吊工具，严禁采用穿心吊，起吊索具用柔性材料包裹，避免碰损管子。装卸过程始终保持轻装轻放的原则，严禁溜放或用推土机、叉车等直接碰撞和推拉管子，不得抛、摔、滚、拖。管子起吊时，管中不得有人，管下不准有人逗留。

2.PCCP管道装车运输

管子在装车运输时采取必需的防止振动、碰撞、滑移措施，在车上设置支座或在枕木上固定木楔以稳定管子，并与车厢绑扎牢稳，避免出现超高、超宽、超重等情况。另外在运输管子时，对管子的承插口要进行妥善的包扎保护，管子上面或里面禁止装运其他物品。

3.PCCP管现场存放

PCCP管只能单层存放，不允许堆放。长期（1个月以上）存放时，必须采取适当的养护措施。存放时保持出厂横立轴的正确摆放位置，不得随意变换位置。

4.PCCP管现场检验

到达现场的PCCP管必须附有出厂证明书，凡标志技术条件不明、技术指标不符合标准规定或设计要求的管子不得使用。证书至少包括如下资料：（1）交付前钢材及钢丝的实验结果；（2）用于管道生产的水泥及骨料的实验结果；（3）每一钢筒试样检测结果；（4）管芯混凝土及保护层砂浆试验结果；（5）成品管三边承载试验及静水压力试验报告；（6）配件的焊接检测结果和砂浆、环氧树脂涂层或防腐涂层的证明材料。

管子在安装前必须逐根进行外观检查：检查PCCP管尺寸公差，如椭圆度、断面垂直度、直径公差和保护层公差，符合现行国家质量验收标准规定；检查承插口有无碰损、外保护层有无脱落等，发现裂缝、保护层脱落、空鼓、接口掉角等缺陷在规范允许范围内，使用前必须修补并经鉴定合格后，方可使用。

橡胶圈形状为"O"形，使用前必须逐个检查，表面不得有气孔、裂蠹、重皮、平面扭曲、肉眼可见的杂质及有碍使用和影响密封效果的缺陷。生产PCCP管厂家必须提供橡胶圈满足规范要求的质量合格报告及对应用水无害的证明书。

规范规定公称直径大于1400mm，PCCP管允许使用有接头的密封圈，但接头的性能不得低于母材的性能标准，现场抽取1%的数量进行接头强度试验。

（二）PCCP管的吊装就位及安装

1.PCCP管施工原则

PCCP管在坡度较大的斜坡区域安装时，按照由下至上的方向施工，先安装坡底管道，顺序向上安装坡顶管道，注意将管道的承口朝上，以便于施工。根据标段内的管道沿线地形的坡度起伏，施工时进行分段分区开设多个工作面，同时进行各段管道安装。

现场对PCCP管逐根进行承插口配管量测，按长短轴对正方式进行安装。严禁将管子向沟底自由滚放，采用机具下管尽量减少沟槽上机械的移动和管子在管沟基槽内的多次搬运移动。吊车下管时注意吊车站位位置沟槽边坡的稳定。

2.PCCP管吊装就位

PCCP管的吊装就位根据管径、周边地形、交通状况及沟槽的深度、工期要求等条件综合考虑，选择施工方法。只要施工现场具备吊车站位的条件，就采用吊车吊装就位，用两组倒链和钢丝绳将管子吊至沟槽内，用手扳葫芦配合吊车，对管子进行上下、左右微动，通过下部垫层、三角枕木和垫板使管子就位。

3.管道及接头的清理、润滑

安装前先清扫管子内部，清除插口和承口圈上的全部灰尘、泥土及异物。胶圈套入插口凹槽之前先分别在插口圈外表面、承口圈的整个内表面和胶圈上涂抹润滑剂，胶圈滑入插口槽后，在胶圈及插口环之间插入一根光滑的杆（或用螺丝刀），将该杆绕接口圆两周（两个方向各一周），使胶圈紧紧地绕在插口上，形成一个非常好的密封面，然后再在胶圈上薄薄地涂上一层润滑油。所使用的润滑剂必须是植物性的或经厂家同意的替代型润滑剂而不能使用油基润滑剂，因油基润滑剂会损害橡胶圈，故而不能使用。

4.管子对口

管道安装时，将刚吊下的管子的插口与已安装好的管子的承口对中，使插口正对承口。采用手扳葫芦外拉法将刚吊下的管子的插口缓慢而平稳地滑入前一根已安装的管子的承口内就位，管口连接时作业人员事先进入管内，往两管之间塞入挡块，控制两管之间的安装间隙在 20～30mm，同时也避免承插口环发生碰撞。特别注意管子顺直对口时使插口端和承口端保持平行，并使圆周间隙大致相等，以期准确就位。

注意勿让泥土污物落到已涂润滑剂的插口圈上。管子对接后及时检查胶圈位置，检查时，用一自制的柔性弯钩插入插口凸台与承口表面之间，并绕接缝转一圈，以确保在接口整个一圈都能触到胶圈，如果接口完好，就可拿掉挡块，将管子拉拢到位。如果在某一部位触不到胶圈，就要拉开接口，仔细检查胶圈有无切口、凹穴或其他损伤。如有问题，必须重换一只胶圈，并重新连接。每节 PCCP 管安装完成后，细致进行管道位置和高程的校验，确保安装质量。

5.接口打压

PCCP 管其承插口采用双胶圈密封，管子对口完成后对每一处接口做水压试验。在插口的两道密封圈中间预留 10mm 螺孔作试验接口，试水时拧下螺栓，将水压试水机与之连接，注水加压。为防止管子在接口水压试验时产生位移，在相邻两管间用拉具拉紧。

6.接口外部灌浆

为保护外露的钢承插口不受腐蚀，需要在管接口外侧进行灌浆或人工抹浆。具体做法如下：（1）在接口的外侧裹一层麻布、塑料编织带或油毡纸（15～20cm 宽）作模，并用细铁丝将两侧扎紧，上面留有灌浆口，在接口间隙内放一根铁丝，以备灌浆时来回牵动，以使砂浆密实。（2）用 1：1.5～2 的水泥砂浆调制成流态状，将砂浆灌满绕接口一圈的灌浆带，来回牵动铁丝使砂浆从另一侧冒出，再用干硬性混合物抹平灌浆带顶部的敞口，保证管底接口密实。第一次仅浇灌至灌浆带底部 1/3 处，就进行回填，以便对整条灌浆带灌满砂浆时起支撑作用。

7.接口内部填缝

接口内凹槽用 1：1.5～2 的水泥砂浆进行勾缝并抹平管接口内表面，使之与管内壁平齐。

8.过渡件连接

阀门、排气阀或钢管等为法兰接口时，过渡件与其连接端必须采用相应的法兰接口，其法兰螺栓孔位置及直径必须与连接端的法兰一致。其中垫片或垫圈位置必须正确，拧紧时按对称位置相间进行，防止拧紧过程中产生的轴向拉力导致两端管道拉裂或接口拉脱。

连接不同材质的管材采用承插式接口时，过渡件与其连接端必须采用相应的承插式接口，其承口内径或插口外径及密封圈规格等必须符合连接端承口和插口的要求。

四、玻璃钢管

（一）管材

管节及管件的规格、性能应符合国家有关标准的规定和设计要求，进入施工现场时其外观质量应符合下列规定：（1）内、外径偏差、承口深度（安装标记环）、有效长度、管壁厚度、管端面垂直度等应符合产品标准规定；（2）内、外表面应光滑平整，无划痕、分层、针孔、杂质、破碎等现象；（3）管端面应平齐、无毛刺等缺陷；（4）橡胶圈应符合相关规定。

（二）接口连接、管道安装应符合下列规定

（1）采用套筒式连接的，应清除套筒内侧和插口外侧的污渍和附着物；（2）管道安装就位后，套筒式或承插式接口周围不应有明显变形和胀破；（3）施工过程中应防止管节受损伤，避免内表层和外保护层剥落；（4）检查井、透气井、阀门井等附属构筑物或水平折角处的管节，应采取避免不均匀沉降造成接口转角过大的措施；（5）混凝土或砌筑结构等构筑物墙体内的管节，可采取设置橡胶圈或中介层法等措施，管外壁与构筑物墙体的交界面密实、不渗漏。

（三）管沟垫层与回填

（1）沟槽深度由垫层厚度、管区回填土厚度、非管区回填土厚度组成。管区回填土厚度分为主管区回填土厚度和次管区回填土厚度。管区回填土一般为素土，含水率为17%（土用手攥成团为准）。主管区回填土应在管道安装后尽快回填，次管区回填土是在施工验收时完成，也可以一次连续完成。（2）工程地质条件是施工的需要，也是管道设计时需要的重要数据，必须认真勘察。为了确定开挖的土方量，需要付算回填的材料量，以便于安排运输和备料。（3）玻璃纤维增强热固性树脂夹砂管道施工较为复杂，为使整个施工过程合理，保证施工质量，必须作好施工组织设计。其中施工排水、土石方平衡、回填料确定、夯实方案等对玻璃纤维增强热固性树脂夹砂管道的施工十分重要。（4）作用在管道上方的荷载，会引起管道垂直直径减小，小平方向增大，即有椭圆化作用。这种作用引起的变形就是挠曲。现场负责管道安装的人员必须保证管道安装时挠曲值合格，使管道的长期挠曲值低于制造厂的推荐值。

（四）沟槽、沟底与垫层

（1）沟槽宽度主要考虑夯实机具便于操作。地下水位较高时，应先进行降水，以保证回填后，管基础不会扰动，避免造成管道承插口变形或管体折断。（2）沟底土质要满足作填料的土质要求，不应含有岩石、卵石、软质膨胀土、不规则碎石和浸泡土。注意沟底应连续平整，用水准仪根据设计标高找平，管底不准有砖块、石头等杂物，不应超挖（除承插接头部位），并清除沟上可能掉落的、碰落的物体，以防砸坏管子。沟底夯实后做10~15cm厚砂垫层，采用中粗砂或碎石屑均可。为安装方便承插口下部要预挖30cm深操作坑。下管应采用尼龙带或麻绳双吊点吊管，将管子轻轻放入管沟，管子承口朝来水方向，管线安装方向用经纬仪控制。（3）本条是为了方便接头正常安装，同时避免接头承受管道的重量。施工完成后，经回填和夯实，使管道

在整个长度上形成连续支撑。

（五）管道支墩

（1）设置支墩的目的是有效地支撑管内水压力产生的推力。支墩应用混凝土包围管件，但管件两端连接处留在混凝土墩外，便于连接和维护。也可以用混凝土做支墩座，预埋管卡子固定管件，其目的是使管件位移后不脱离密封圈连接。固定支墩一般用于弯管、三通、变径管处。（2）止推应力墩也称挡墩，同样是承受管内产生的推力。该墩要完全包围住管道。止推应力墩一般使用在偏心三通、侧生Y型管、Y型管、受推应力的特殊备件处。（3）为防止闸门关闭时产生的推力传递到管道上，在闸门井壁设固定装置或采用其他形式固定闸门，这样可大大减轻对管道的推力。（4）设支撑座可以避免管道产生不正常变形。分层浇灌可以使每层水泥有足够的时间凝固。（5）如果管道连接处有不同程度的位移就会造成过度的弯曲应力。对刚性连接应采取以下的措施：第一，将接头浇筑在混凝土墩的出口处，这样可以使外面的第一根管段有足够的活动自由度。第二，用橡胶包裹住管道，以弱化硬性过渡点。（6）柔性接口的管道，当纵坡大于15节寸，自下而上安装可防止管道下滑移动。

（六）管道连接

（1）管道的连接质量实际反映了管道系统的质量，关系到管道是否能正常工作。不论采取哪种管道连拉形式，都必须保证有足够的强度和刚度，并具有一定的缓解轴向力的能力，而且要求安装方便。（2）承插连接具有制作方便、安装速度快等优点。插口端与承口变径处留有一定空隙，是为了防止温度变化产生过大的温度应力。（3）胶合刚性连接适用于地基比较软和地上活动荷载大的地带。（4）当连接两个法兰时，只要一个法兰上有2条水线即可。在拧紧螺栓时应交叉循序渐进，避免一次用力过大损坏法兰。（5）机械连接活接头有被腐蚀的缺点，所以往往做成外层有环氧树脂或塑料作保护层的钢壳、不锈钢壳、热浸镀锌钢壳。本条强调控制螺栓的扭矩，不要扭紧过度而损坏管道。（6）机械钢接头是一种柔性连接。由于土壤对钢接头腐蚀严重，故本条提出应注意防腐。（7）多功能连接活接头主要用于连接支管、仪表或管道中途投药等，比较灵活方便。

（七）沟槽回填与回填材料

（1）管道和沟槽回填材料构成统一的"管道-土壤系统"，沟槽的回填于安装同等重要。管道在埋设安装后，土壤的重力和活荷载在很大程度上取决于管道两侧土壤的支撑力。土壤对管壁水平运动（挠曲）的这种支撑力受土壤类型、密度和湿度影响。为了防止管道挠曲过大，必须采用加大土壤阻力，提高土壤支撑力的办法。管道浮动将破坏管道接头，造成不必要的重新安装。热变形是指由于安装时的温度与长时间裸露暴晒温度的差异而导致的变形，这将造成接头处封闭不严。（2）回填料可以加大土壤阻力，提高土壤支撑力，所以管区的回填材料、回填埋设和夯实，对控制管道径向挠曲是非常重要的，对管道运行也是关键环节，所以必须正确进行。（3）第一次回填由管底回填至0.7DN处，尤其是管底拱腰处一定要捣实；第二次回填到管区回填土厚度即0.3DN+300mm处，最后原土回填。（4）分层回填夯实是为了有效地达到要求的夯实密度，使管道有足够的支撑作用。砂的夯实有一定难度，所以每层应控制在150mm以内。当砂质回填材料处于接近其最佳湿度时，夯实最易完成。

（八）管道系统验收与冲洗消毒

1.冲洗消毒

冲洗是以不小于1.0m/s的水流速度清洗管道，经有效氯浓度不低于20mg/L的清洁水浸泡24h后冲洗，达到除掉消除细菌和有机物污染，使管道投入使用后输送水质符合饮用水标准。

2.玻璃钢管道的试压

管道安装完毕后，应按照设计规定对管道系统进行压力试验。根据试验的目的，可以分为检查管道系统机械性能的强度试验和检查管路连接情况的密封性试验。按试验时使用的介质，可分为水压试验和气压试验。

玻璃钢管道试压的一般规定：（1）强度试验通常用洁净的水或设计规定用的介质，用空气或惰性气体进行密封性试验。（2）各种化工工艺管道的试验介质，应按设计规定的具体规定采用。工作压力不低于0.07MPa的管路一般采用水压试验，工作压力低于0.07MPa的管路一般采用气压试验。（3）玻璃钢管道密封性试验的试验压力，一般为管道的工作压力。（4）玻璃钢管道强度试验的试验压力，一般为工作压力的1.25倍，但不得大于工作压力的1.5倍。（5）压力试验所用的压力表和温度计必须是符合技术监督部门规定的。工作压力以下的管道进行气压试验时，可采用水银或水的U形玻璃压力计，但刻度必须准确。（6）管道在试压前不得进行油漆和保温，以便对管道进行外观和泄漏检查。（7）当压力达到试验压力时，停止加压，观察10min，压力降不大于0.05MPa，管体和接头处无可见渗漏，然后压力降至工作压力，稳定120min，并进行外观检查，不渗漏为合格。（8）试验过程中，如遇泄漏，不得带压修理。待缺陷消除后，应重新进行试验。

五、PE管

（一）管材

管节及管件的规格、性能应符合国家有关标准的规定和设计要求，进入施工现场时其外观质量应符合下列规定：（1）不得有影响结构安全、使用功能及接口连接的质量缺陷；（2）内、外壁光滑、平整，无气泡、无裂纹、无脱皮和严重的冷斑及明显的痕纹、凹陷；（3）管节不得有异向弯曲，端口应平整；（4）橡胶圈应符合规范规定。

（二）管道铺设

应符合下列规定：（1）采用承插式（或套筒式）接口时，宜人工布管且在沟槽内连接；槽深大于3m或管外径大于400mm的管道，宜用非金属绳索兜住管节下管；严禁将管节翻滚抛入槽中；（2）采用电熔、热熔接口时，宜在沟槽边上将管道分段连接后以弹性铺管法移入沟槽；移入沟槽时，管道表面不得有明显的划痕。

（三）管道连接

应符合下列规定：（1）承插式柔性连接、套筒（带或套）连接、法兰连接、卡箍连接等方法采用的密封件、套筒件、法兰、紧固件等配套管件，必须由管节生产厂家配套供应；电熔连接、热熔连接应采用专用电器设备、挤出焊接设备和工具进行施工；（2）管道连接时必须对连接部位、密封件、套筒等配件清理干净，套筒（带或套）连接、法兰连接、卡箍连接用的钢制套筒、法兰、卡箍、螺栓等金属制品应根据现场土质并参照相关标准采取防腐措施；（3）承插式柔性接口连接宜在当日温度较高时进行，插口端不宜插到承口底部，应留出不小于10mm的伸缩空隙，插入前应在插口端外壁做出插入深度标记；插入完毕后，承插口周围空隙均匀，连接的管道平直；（4）电熔连接、热熔连接、套筒（带或套）连接、法兰连接、卡箍连接应在当日温度较低或接近最低时进行；电熔连接、热焰连接时电热设备的温度控制、时间控制，挤出焊接时对焊接设备的操作等，必须严格按接头的技术指标和设备的操作程序进行；接头处应有沿管节圆周平滑对称的外翻边，内翻边应铲平；（5）管道与井室宜采用柔性连接，连接方式符合设计要求；设计无要求时，可采用承插管件连接或中介层做法；（6）管道系统设置的弯头、三通、变径处应采用混凝土支墩或金属卡箍拉杆等技术措施；在消火栓及闸阀的底部应加垫混凝土支墩；非锁紧型承插连接管道，每根管节应有3点以上的固定措施；（7）安装完的管道中心线及高程调整合格后，即将管底有效支撑角范围用中粗砂回填密实，不得用土或其他材料回填。

（四）管材和管件的验收

（1）管材和管件应具有质量检验部门的质量合格证，并应有明显的标志表明生产厂家和规格。包装上应标有批号、生产日期和检验代号。（2）管材和管件的外观质量应符合下列规定：1）管材与管件的颜色应一致，无色泽不均及分解变色线。2）管材和管件的内外壁应光滑、平整，无气泡、裂口、裂纹、脱皮和严重的冷斑及明显的痕纹、凹陷。3）管材轴向不得有异向弯曲，其直线度偏差应小于1%；管材端口必须平整并垂直于管轴线。4）管件应完整，无缺损、变形，合模缝、浇口应平整，无开裂。5）管材在同一截面内的壁厚偏差不得超过14%；管件的壁厚不得小于相应的管材的壁厚。6）管材和管件的承插粘结面必须表面平整、尺寸准确。

（五）安装的一般规定

（1）管道连接前，应对管材和管件及附属设备按设计要求进行核对，并应在施工现场进行外观检查，符合要求方可使用。主要检查项目包括耐压等级、外表面质量、配合质量、材质的一致性等。（2）应根据不同的接口形式采用相应的专用加热工具，不得使用明火加热管材和管件。（3）采用熔接方式相连的管道，宜采用同种牌号材质的管材和管件，对于性能相似的必须先经过试验，合格后方可进行。（4）在寒冷气候（-5℃以下）和大风环境条件下进行连接时，应采取保护措施或调整连接工艺。（5）管材和管件应在施工现场放置一定的时间后再连接，以使管材和管件温度一致。（6）管道连接时管端应洁净，每次收工时管口应临时封堵，防止杂物进入管内。（7）管道连接后应进行外观检查，不合格者马上返工。

参考文献

［1］苗兴皓，高峰.水利工程施工技术［M］.中国环境出版社.2017.

［2］似传铭，刘书昌.水利工程施工与管理［M］.延吉：延边大学出版社.2017.

［3］胡师云.水利工程施工测量［M］.成都：电子科技大学出版社.2017.

［4］陈萍，程彦博，杨滨.水利工程施工技术［M］.延吉：延边大学出版社.2017.

［5］孙文中，刘冰，黄坡.水利工程施工与管理［M］.天津：天津科学技术出版社.2017.

［6］朱显鸽.水利工程施工与建筑材料［M］.北京：中国水利水电出版社.2017.

［7］刘学应，王建华.水利工程施工安全生产管理［M］.北京：中国水利水电出版社.2017.

［8］姜国辉，王永明.普通高等教育"十二五"规划教材水利工程施工［M］.北京：中国水利水电出版社.2017.

［9］薛根林.水利工程施工与管理研究［M］.延吉：延边大学出版社.2018.

［10］李明.水利工程施工管理与组织［M］.郑州：黄河水利出版社.2018.

［11］张平，谢事亨，袁娜娜.水利工程施工与建设管理实务［M］.北京：现代出版社.2018.

［12］王东民著."互联网+"水利工程施工运行和管理［M］.天津：天津科学技术出版社.2018.

［13］吴怀河，蔡文勇，岳绍华.水利工程施工管理与规划设计［M］.昆明：云南科技出版社.2018.

［14］牛志丰，张利锋，张伟.项目管理与水利工程施工设计［M］.新疆生产建设兵团出版社.2018.

［15］王桂芹，郝小贞，杨志静.水利工程施工技术与项目管理［M］.中国原子能出版社.2018.